Asien – p

Landhöhen u
(in Meter)

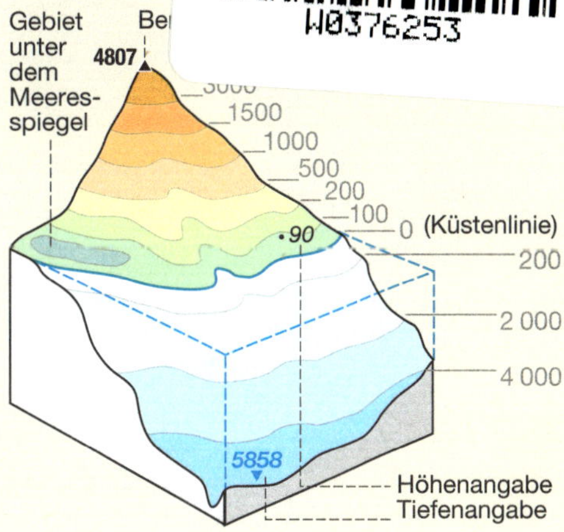

Gewässer

- Fluss
- See
- Salzsee
- Moor, Sumpf

Verwaltung

- Staatsgrenze

Ballungsräume

Einwohner

- über 10 000 000
- 5 000 000 – 10 000 000
- 1 000 000 – 5 000 000
- unter 1 000 000

0 200 400 600 800 1000 km

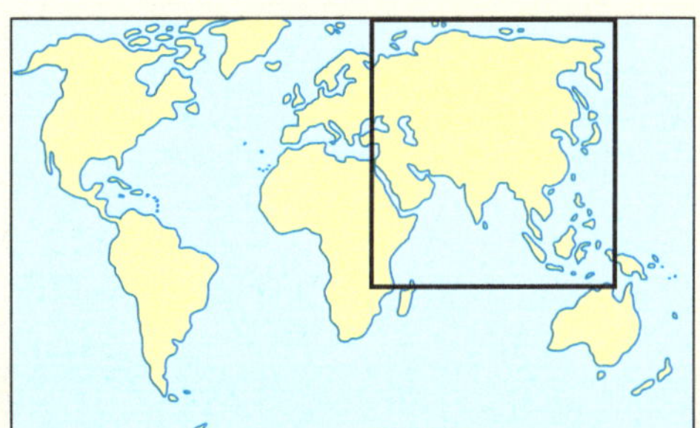

Heimat und Welt Geographie

für Sachsen-Anhalt

Schuljahrgang 8
Sekundarschule

Moderatorinnen
Notburga Protze
Margit Colditz

Autorinnen/Beraterinnen
Margit Colditz
Evelyn Dieckmann
Heike Köppe
Anne-Kathrin Lindau
Notburga Protze
Ines Schmidt
unter Mitwirkung der Verlagsredaktion

westermann

Das ist im Buch enthalten

Geofix begleitet dich bei der Kompetenzentwicklung.

METHODE – Hier erhältst du Hinweise, wie du schrittweise Erkenntnisse gewinnen kannst.

Info – Hier erhältst du Zusatzinformationen und Begriffserläuterungen.

Monsun – Fachbegriffe sind im Text blau hervorgehoben. Sie werden im Minilexikon erklärt.

www – Unter diesen Internetadressen findest du zusätzliche Informationen.

Physik – Hier wirst du auf fächerübergreifendes Arbeiten hingewiesen.

ALLES KLAR – Hier kannst du dein Wissen und deine Kompetenzen überprüfen.

Im Arbeitsheft kannst du üben, wiederholen und anwenden.

Georg-Westermann-Allee 66, 38104 Braunschweig
www.westermann.de

Druck A^{8} / Jahr 2023
Alle Drucke der Serie A sind im Unterricht parallel verwendbar.

Lektorat: Thomas Eck
Layout und Herstellung: Lektoratsbüro Eck, Yvonne Behnke
Druck und Bindung: Westermann Druck GmbH, Georg-Westermann-Allee 66, 38104 Braunschweig

ISBN 978-3-14-**144588**-6

Inhaltsverzeichnis

Wirtschaftsräume analysieren und erläutern: Ost-, Süd- und Südostasien 6

Aufstrebende Wirschaftsmächte: China und Indien 36

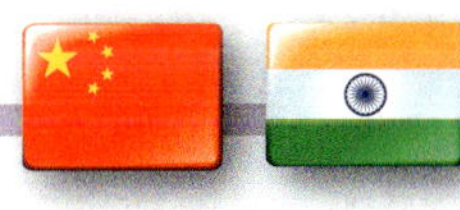

Inhaltsverzeichnis

Russland – Erschließung und Nutzung des Raumes 86

Das Weltmeer – mehr als Wasser 114

Anhang 126

Wirtschaftsräume analysieren und erläutern:

Ost-, Süd- und Südostasien

- die kulturellen Merkmale von Ost-, Süd- und Südostasien beschreiben,
- die vielfältige Oberflächengestalt und das Klima analysieren,
- die Bevölkerungsentwicklung der Länder und deren Folgen vergleichen,
- den unterschiedlichen wirtschaftlichen Entwicklungsstand der Länder aufzeigen,
- Klimadiagramme und Statistiken auswerten und vergleichen.

M1 Sonderverwaltungszone Hongkong

Kulturelle Vielfalt

M1 Räumlicher Überblick

Aufgaben

1 **Ordne den drei Kulturräumen Ost-, Süd- und Südostasien je zwei Länder zu.**

2 **Nenne kulturelle Merkmale der Regionen.**

3 **Informiere dich über zwei Weltkulturerbestätten.**

Arbeitsheft

Die Räume Ost-, Süd- und Südostasien weisen viele gemeinsame kulturelle Merkmale auf. So verfügen die drei Kulturräume über eine besonders hohe Bevölkerungszahl, die auch auf kulturelle und religiöse Traditionen zurückzuführen ist.

Zur Sicherung ihrer Ernährung dient seit Jahrtausenden Reis als Hauptnahrungsmittel. Mit dem Reisanbau, der Pflege und Ernte sind zahlreiche rituelle Handlungen verbunden.

Die dominierende Religion der drei Kulturräume ist der Buddhismus.

Millionen von Menschen gehören aber auch dem Hinduismus und dem Islam an.
Viele religiöse Bauwerke sind bekannte Sehenswürdigkeiten, die zum Weltkulturerbe erklärt wurden. Dazu zählen zum Beispiel das Grabmal Taj Mahal in Indien, die Große Mauer in China, die Tempel in Angkor in Kambodscha oder die Tempelanlage Borobodur in Indonesien.

Inderin

Taj Mahal

Vielfalt der Speisen

Angkor Wat

Buddhistische Mönche

MERKMALE DER KULTURRÄUME

Ostasien

Der Kulturraum Ostasien hat eine lange eigenständige Tradition. Die prägende Religion in diesem Raum ist der Buddhismus. Überall in Ostasien ist der Einfluss Chinas zu erkennen: in der Schrift, Architektur, Kunst und in den Lebensgewohnheiten. Diese werden vor allem vom Konfuzianismus, einer aus China stammenden Morallehre, bestimmt. Sie enthält Regeln für das Zusammenleben der Menschen.

In Ostasien ist Reis nicht nur ein Nahrungsmittel, sondern ein Kulturelement.

Südasien

Das Leben der Menschen wird in dieser Region vor allem durch den Hinduismus, aber auch den Islam und Buddhismus geprägt. Die Menschen leben in einer sozialen Rangordnung, die Kastensystem genannt wird.

Im Norden Indiens entstand vor etwa 2 500 Jahren der Buddhismus. Diese Weltreligion breitete sich von hier bis nach Ost- und Südostasien aus.

Zu den kulturellen und die Landschaft prägenden Merkmalen Südasiens gehören der Reis- und Teeanbau.

Südostasien

Der Kulturraum weist eine große kulturelle und religiöse Vielfalt auf. In Südostasien gibt es Hunderte Volksgruppen, die etwa 1500 Sprachen sprechen. Schon früh entwickelten sich bedeutende Handelsplätze. Menschen aus dem Orient und aus Südasien kamen hierher und siedelten sich an. Deshalb leben hier Anhänger von drei Weltreligionen: Buddhisten, Muslime und Christen. In Indonesien leben die meisten Muslime außerhalb des Orients.

Charakteristisches Kulturelement Südostasiens ist der Reisanbau.

Statue des Gelehrten Konfuzius

Teeernte auf Sri Lanka

Schüler in Thailand

M1 Am Mt. Everest im Himalaya (Nepal)

M2 Der Mekong in Vietnam

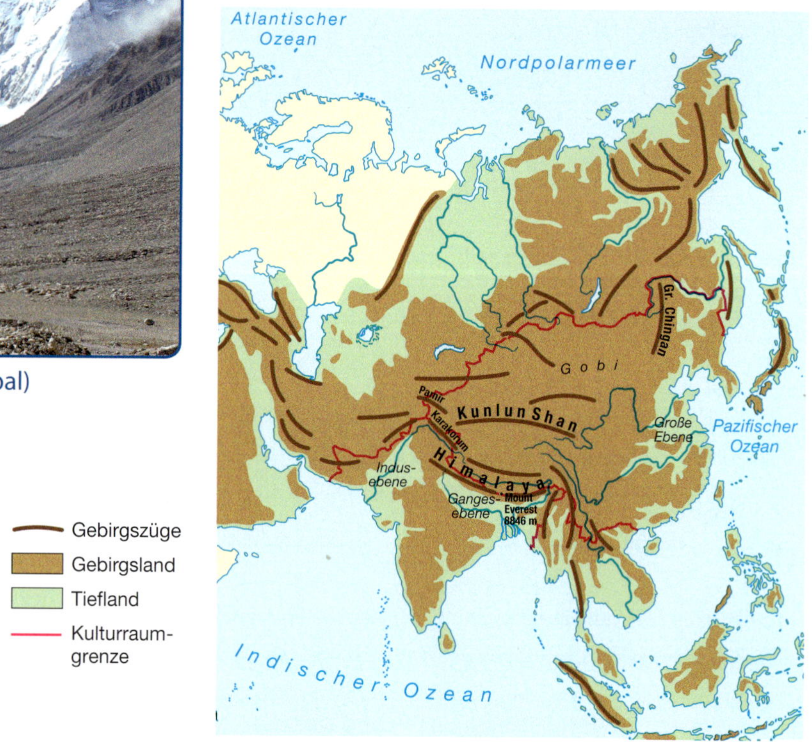

M3 Oberflächengestalt von Ost-, Süd- und Südostasien

www.helles-koepfchen.de
Suchbegriff: Erdbeben

M4 Fujisan (Japan)

Naturräumliche Vielfalt

Relief und Gewässer

Die Oberflächengestalt Ost-, Süd- und Südostasiens ist sehr vielgestaltig. Im Westteil befinden sich die höchsten Erhebungen der Erde. Der Himalaya mit dem höchsten Berg der Erde, dem Mount Everest, gehört zum europäisch-asiatischen Faltengebirgsgürtel.

An den Küsten und an den gewaltigen Strömen erstrecken sich fruchtbare Tiefländer. Ost- und Südostasien sind gekennzeichnet durch ausgedehnte Inselbögen. Sie stellen das Ergebnis von Bewegungen mehrerer Erdplatten dar. In allen drei Räumen gibt es Gebiete, in denen häufig Vulkanausbrüche, Erd- oder Seebeben auftreten.

Durch die drei Regionen fließen gewaltige Ströme, die zu den größten der Erde gehören. Einige von ihnen münden in den Pazifischen Ozean, zum Beispiel der Huang He, der Jangtsekiang und der Mekong. Die großen Ströme Südasiens dagegen, Indus, Ganges und Brahmaputra, fließen dem Indischen Ozean zu.
Die gewaltigen Wassermengen transportieren viel Schlamm, sodass große Aufschüttungsebenen und Deltamündungen entstanden sind.

Alle Flüsse sind wichtige Lebensadern. Sie dienen der Versorgung mit Trink- und Brauchwasser, der Bewässerung von Feldern und als Transportwege.

Aufgaben

1 **Beschreibe die Oberflächenformen und das Gewässernetz von Ost-, Süd- und Südostasien.**

2 **Nenne Flüsse auf der Erde, die eine Deltamündung haben (Atlas).**

Ein unruhiger Raum

Die Inselwelt Ost- und Südostasiens wird so häufig wie kaum ein anderes Gebiet der Erde von Naturkatastrophen heimgesucht. Die Inseln Japans, Indonesiens und der Philippinen liegen auf dem „Ring of Fire", dem pazifischen Feuerring.

Drei große Erdplatten, die eurasische, die pazifische und die indisch-australische treffen dort aufeinander und verhaken sich. Dabei bauen sich Spannungen auf.

Entladen sie sich, führt das zu Erdbeben und Vulkanausbrüchen. Das Land mit den meisten aktiven Vulkanen ist Indonesien. Häufig treten in Ost-, Süd- und Südostasien auch Erdbeben auf.

Etwa 5 000-mal innerhalb eines Jahres bebt zum Beispiel in Japan die Erde. Ein Mega-Beben der Stärke 9,0 ereignete sich im März 2011 vor der Küste der japanischen Stadt Sendai.

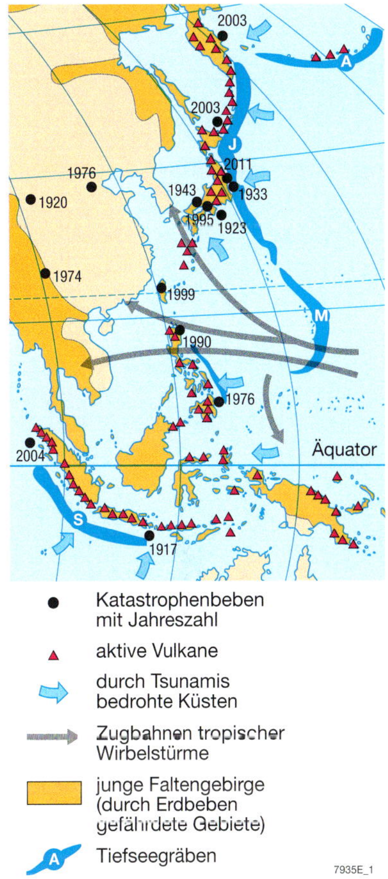

M5 Von Naturereignissen betroffene Gebiete

www.kids-and-science.de
Suchbegriff: Erdbeben

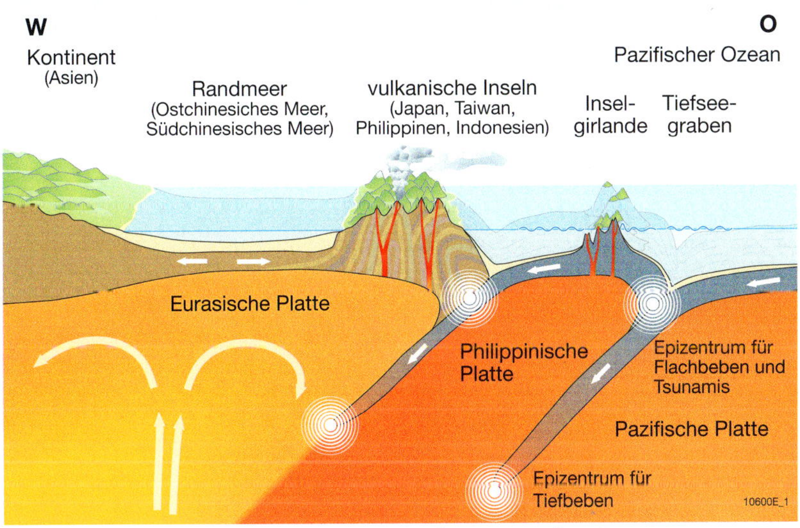

M6 Geologisches Profil: ostasiatisch-südostasiatischer Raum

M7 Zerstörungen durch den von einem Erdbeben ausgelösten Tsunami in Japan im März 2011

Aufgaben

3 **Wiederhole die Entstehung des Himalaya als Faltengebirge.**

4 **Große Teile von Ost-, Süd- und Südostasien werden von verschiedenen Naturereignissen bedroht. Nenne sie und beschreibe ihre Auswirkungen.**

5 **Wiederhole die Entstehung eines Tsunamis.**

Klima und Vegetation

Aufgaben

1 **Nenne die Klimazonen, an denen Ost-, Süd- und Südostasien Anteil haben (Atlas).**

2 **Beschreibe und begründe die Vielfalt der Vegetation in dieser Region.**

Ost-, Süd- und Südostasien haben eine Nord-Süd-Ausdehnung von mehr als 60 Breitengraden und daher Anteil an verschiedenen Klimazonen. Sie reichen von der gemäßigten Klimazone im Norden bis zum Äquatorialklima im Süden.

Im Westen Ostasiens und Norden Südasiens bildeten sich aufgrund der großen Höhenlage Hochgebirgsklimate aus. Hier befinden sich auch ausgedehnte Wüsten wie die Gobi oder die Taklamakan. Im nördlichen Teil Ostasiens sind an den Küsten sommergrüne Laub- und Mischwälder zu finden.

Der südliche Teil Ostasiens dagegen ist durch Hartlaubgehölze der Subtropen geprägt.

Südasien und Südostasien werden hauptsächlich von Savannen und tropischen Regenwäldern eingenommen. Diese natürliche Vegetation ist jedoch kaum noch vorzufinden, da sie Siedlungs- und landwirtschaftlichen Nutzflächen weichen musste. Die tropischen Regenwälder sind durch Abholzung zur Erschließung und Förderung von Bodenschätzen und zur Gewinnung von Neuland stark bedroht.

Pandabär

M1 Bambuswald in China

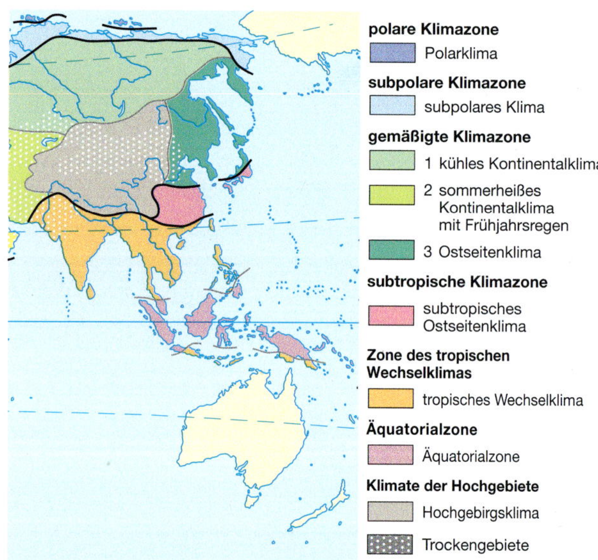

M2 Klimazonen

M3 Abholzung des Regenwaldes in Indonesien

M4 Oase in der Wüste Gobi

Ein Klimadiagramm auswerten

METHODE

So gehst du vor

Lesen von Klimadiagrammen

1. *Lage der Station:* Nenne den Namen der Station. Beschreibe ihre Lage (Kulturräume, Land, Lage über dem Meeresspiegel, Lage im Gradnetz).
2. *Temperatur:* Nenne die Jahresmitteltemperatur sowie die Temperatur des wärmsten und des kältesten Monats. Beschreibe den jährlichen Temperaturverlauf. Achte dabei auch auf vorhandene Schwankungen.
3. *Niederschlag:* Nenne die Jahresniederschlagsmenge sowie den niederschlagsreichsten und -ärmsten Monat. Beschreibe den jährlichen Niederschlagsverlauf. Achte dabei auch auf vorhandene Schwankungen.

Auswerten von Klimadiagrammen

4. *Ursachen:* Zeige Ursachen für die Klimawerte auf. Denke dabei an Faktoren wie Breitenlage, vorherrschende Luftmassen, Lage zum Meer, Höhenlage.
5. *Einordnen:* Ordne das Klimadiagramm in eine Klimazone ein.
6. *Vergleichen:* Vergleiche die Klimawerte mit denen einer anderen Station. Ermittle Gemeinsamkeiten und Unterschiede. Nenne Ursachen dafür.

Aufgabe

3 Werte die Klimadiagramme in M5 aus. Orientiere dich an der Schrittfolge.

M6 Cherrapunjee/Indien – der feuchteste Ort der Erde

www.cherrapunjee.com
www.klimadiagramme.de

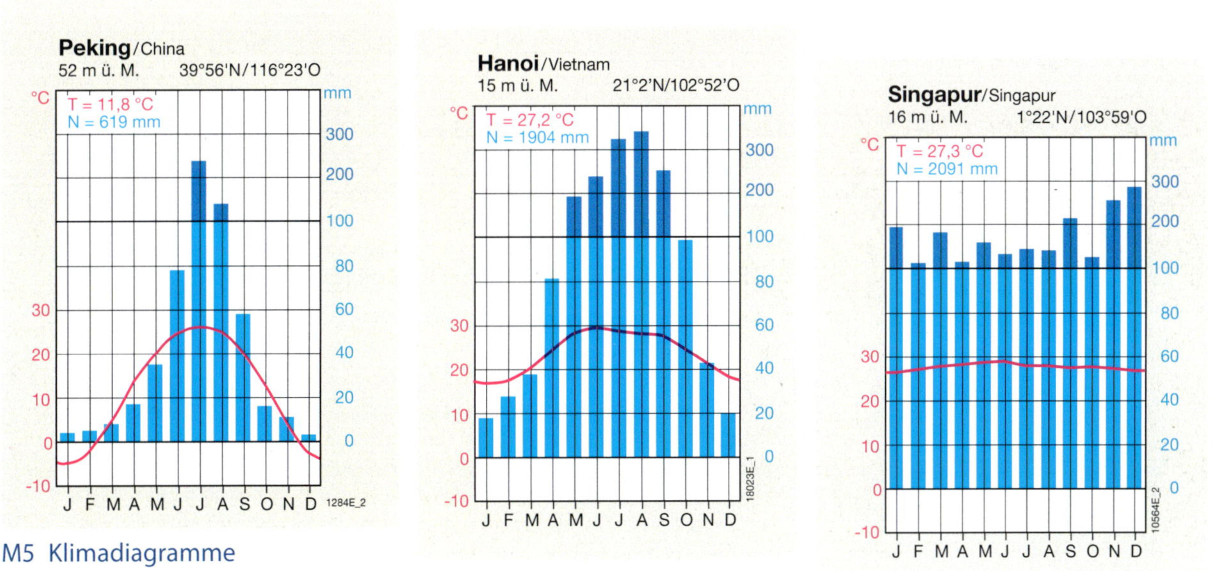

M5 Klimadiagramme

Raumausstattung

M1 Regenzeit … und Trockenzeit in Indien

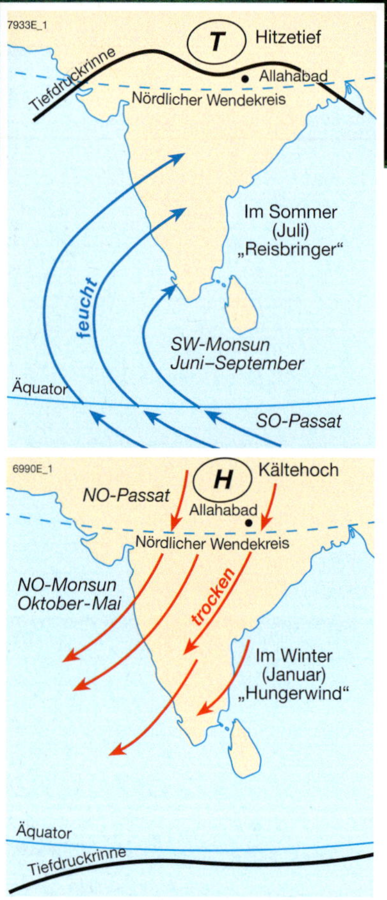

M2 Der Monsun im Sommer und im Winter

Der Monsun prägt das Leben und Wirtschaften

Der Monsun ist Teil der großen Windgürtel der Erde und wirkt vor allem in Südasien, aber auch in Teilen Ost- und Südostasiens. Er wird im Wesentlichen durch die unterschiedliche Erwärmung von Land und Meer bestimmt.

Das Wort Monsun kommt vom arabischen „mausim“ und bedeutet so viel wie Jahreszeit. Gemeint sind die jahreszeitlich wechselnden tropischen Winde, die im Sommerhalbjahr vom Meer zum Land und im Winterhalbjahr vom Land zum Meer wehen (M2).
Das Monsunklima ist durch diesen halbjährlich wechselnden Wind gekennzeichnet.

Der Regen bringende Sommermonsun ist für Natur und Mensch nach einer langen Trockenzeit ein Geschenk.
Doch manchmal tritt er zu früh und zu heftig auf. Überschwemmungen mit katastrophalen Auswirkungen sind die Folge. Oder er kommt zu spät und bringt nur wenig Regen. Dann kann erst mit Verzögerung oder gar nicht gepflanzt und gesät werden. Eine schlechte Ernte ist die Folge.

Der jahreszeitliche Wechsel des Monsuns hat auch Einfluss auf den Tourismus. So gelten die Monate nach dem Monsun (November bis Februar) als die Hauptreisezeit.

Aufgaben

1 **Beschreibe den Monsun im Januar und Juli (M1, M2, Atlas).**

2 **Erläutere, wie der Monsun das Leben und Wirtschaften prägt (M1 bis M6).**

Arbeitsheft

Mahadan, ein kleines Dorf bei Allahabad Ende Juni

Der Boden ist ausgedörrt. Viele Wochen hat es nicht mehr geregnet. Doch nun türmen sich schwarze Gewitterwolken am Horizont. Als die ersten dicken Regentropfen auf die Erde prasseln, tanzen die Kinder vor Vergnügen auf der Straße. Bald schüttet es wie aus Eimern. Es bilden sich große Wasserlachen. Doch der harte Boden kann das viele Wasser nicht schnell genug aufnehmen. Eine große Menge fließt oberflächlich ab. Auf der nahe gelegenen Straße kommt der Verkehr zum Erliegen. Doch die Menschen sind froh, dass es endlich regnet. Nach zwei Tagen schon breitet sich frisches Grün dort aus, wo der Boden völlig ausgetrocknet war.

Der Monsun und seine Auswirkungen

M3 Kinder begrüßen den Regen in Indien

M4 Vorbereiten eines Feldes für die Regenzeit

M5 Überschwemmung in Pakistan (2010)

M6 Erdrutsch nach Monsunregen in Taiwan

M1 Zerstörungen nach dem Taifun „Megi" auf den Philippinen

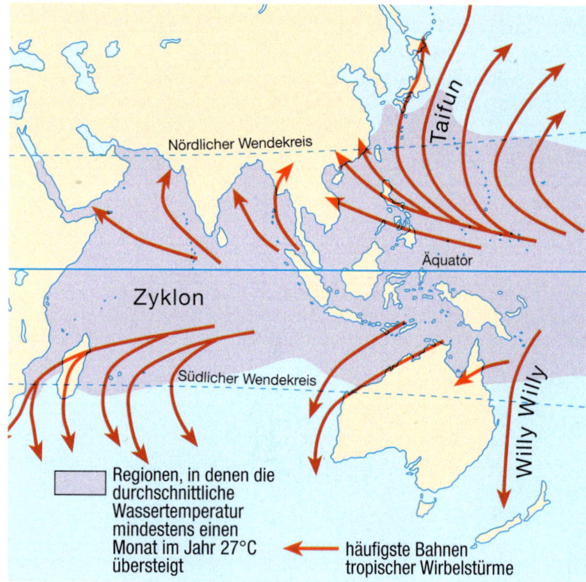

M2 Zone von Wirbelstürmen

Tropische Wirbelstürme – Energie pur

„Megi" rast über die Philippinen hinweg

Manila, 18.10.2010: Mit Spitzengeschwindigkeiten von bis zu 260 Kilometern in der Stunde hat der Taifun „Megi" den Norden der Philippinen heimgesucht. Riesige Wellen donnerten gegen die Küsten. Bei tosendem Wind und verheerenden Regenfällen kamen fünf Menschen ums Leben, 4000 mussten in Sicherheit gebracht werden.
„Megi" löste Erdrutsche aus und verwüstete ganze Landstriche.
Springfluten und Windböen rissen Fahrzeuge von den Straßen und beschädigten zahlreiche Gebäude.
Die Meteorologen rechnen damit, dass „Megi" weiter in Richtung China zieht. Dort ließen die Behörden schon 140000 Küstenbewohner in Sicherheit bringen. Auch aus Vietnam wurden schon verheerende Regenfälle gemeldet.

(Nach: www.spiegel.de, 20.02.2011)

M3 Zeitungsmeldung

Zwischen Juli und November herrscht in Teilen Süd-, Ost- und Südostasiens Zyklon- und Taifunzeit (M2).
Zyklon und Taifun sind tropische Wirbelstürme. Sie entstehen über den tropischen Meeren nördlich und südlich des Äquators, wo die Wasserflächen im oberen Bereich über mindestens 27 °C Wassertemperatur verfügen.

Die zu Beginn noch harmlosen Tiefdruckwirbel saugen über dem Meer die feuchtwarme Ozeanluft an und reißen sie in einer Spirale bis zu 20 Kilometer in die Höhe. In der Mitte des Wirbels liegt das wolkenlose und nahezu windstille „Auge" des Sturms. Um dieses Auge kreisen die Wirbel mit Windstärken von bis zu 350 km/h (M5 und M6).

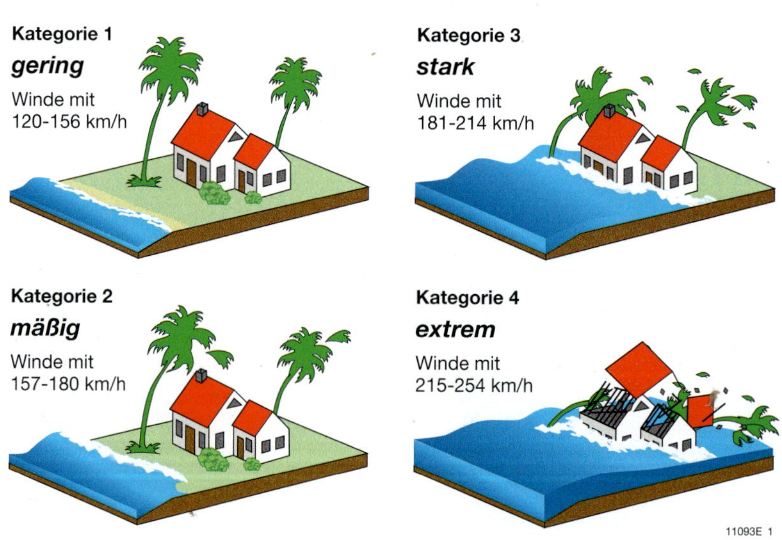

M4 Kategorien 1 bis 4 eines Taifuns

Mit dem Flugzeug durch einen Taifun

Die Vorhersage von Wirbelstürmen und ihrer wahrscheinlichen Zugbahnen ist für die Bevölkerung in den gefährdeten Regionen lebensnotwendig. Satelliten, die „Augen aus dem All", erkennen einen Wirbelsturm schon in seiner Entstehungsphase.
Auch mit Spezialflugzeugen fliegen Wissenschaftler in den riesigen Tiefdruckwirbel hinein, um Windgeschwindigkeit und -richtung, Größe des Auges und den Luftdruck zu messen. Solche Daten lassen sich nur im Zentrum des Wirbelsturmes erheben.
Wenn die Flugzeuge in einen dieser „Monsterstürme" hineinfliegen, sind sie umgeben von riesigen Wolkenwänden, die senkrecht in den Himmel wachsen. Die Luftmassen drücken auf das Flugzeug und die Sicht geht zurück. Mitten im Sturm muss das Flugzeug durch schwere Turbulenzen fliegen, bis es plötzlich ganz ruhig wird. Das Auge, der ruhende Pol des Sturms, ist erreicht.
Jeder Einsatz ist sehr riskant. Doch kein Wissenschaftler zweifelt an seinem Job: „Wir müssen da durch, denn wir sammeln Informationen, die den Menschen viel Leid ersparen können und vielen sogar das Leben retten"

(Nach: www.g-o.de)

M5 Zeitungsmeldung

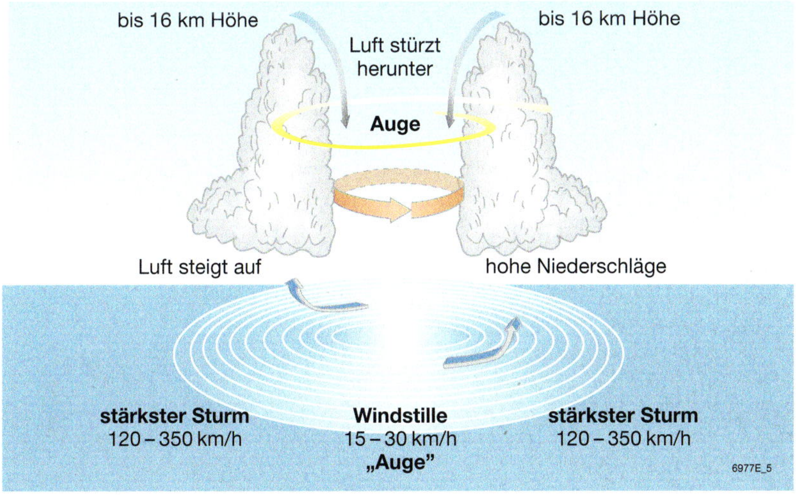

M6 Entstehung eines Wirbelsturmes

Info

Taifun, „Willy Willy", Zyklon oder Hurrikan

Wirbelstürme haben unterschiedliche Namen. Taifune haben ihre Bezeichnung vom chinesischen Begriff für Wind „taifung" erhalten.
Aus der Sprache der Ureinwohner Australiens stammt der Begriff „Willy Willy".
Zyklone (aus dem Griechischen „der Kreis") nennt man die Wirbelstürme, die über dem Indischen Ozean entstehen.
Der Sturmgott der Mayas „Hunraken" war Namensgeber für die Hurrikans.

www.wissen.de/Natur
Suchbegriff: Tropischer Wirbelsturm

Aufgaben

1. **Erkläre, wie Wirbelstürme entstehen.**
2. **Nenne drei große Städte in Ost-, Süd- und Südostasien, die in Zugbahnen der Wirbelstürme liegen (M2, Atlas).**
3. **Erkläre, warum Wissenschaftler einen Flug in das Auge eines Wirbelsturmes wagen.**

Physik

Bevölkerungsentwicklung

Länder	Einwohner (in Mio.)
China	1 338
Indien	1 189
USA	310
Indonesien	236
Brasilien	193
Pakistan	185
Bangladesch	164
Nigeria	158
Russland	142
Japan	127

M1 Die 10 bevölkerungsreichsten Länder der Welt (2010)

Städte	Einwohner (in Mio.)
Tokio	36,5
Delhi	21,7
São Paulo	20,0
Mumbai (Bombay)	19,7
New York	19,3
Mexiko-Stadt	19,3
Shanghai	16,3
Kolkata (Kalkutta)	15,3
Dhaka	14,3
Buenos Aires	13,0

M2 Die 10 größten Stadtregionen der Welt (2010)

M3 Auf den Straßen Pekings

Aufgaben

1 **Belege mithilfe von M1 und M2, dass Länder Ost-, Süd- und Südostasiens zu den bevölkerungsreichsten Regionen der Erde gehören.**

2 **Werte die thematische Karte M6 aus, orientiere dich an der Schrittfolge. Nutze auch den Atlas.**

Ein Überblick

In Asien leben rund 60 Prozent der Weltbevölkerung. Die Bevölkerung ist ungleich über den Kontinent verteilt. Unter den zehn bevölkerungsreichsten Ländern der Erde sind sechs aus den drei Regionen Ost-, Süd- und Südostasien (M1). Mit Ausnahme von Japan weisen sie alle ein starkes Bevölkerungswachstum auf. Die Ursachen dafür sind vielfältig (vgl. S. 20 bis 26).

Ebenso wie das Industrieland Japan haben auch die wirtschaftlich erstarkten ost- und südostasiatischen Staaten Singapur, Hongkong, Südkorea, Thailand und Malaysia rückläufige bzw. stagnierende Bevölkerungszahlen.

Charakteristisch für die drei asiatischen Räume ist eine starke Zuwanderung von jungen Menschen vom Land in die Städte. Unter diesen Städten befinden sich große Metropolen der Erde (M2).

M4 In Delhi

Eine thematische Karte auswerten

METHODE

M5 In der Mongolei

M6 Verteilung der Großstädte

Einwohner

100 000 – 1 Mio. Einwohner

So gehst du vor

Lesen

1. Nenne das Thema und den dargestellten Raum.
2. Bestimme die Lage und ermittle die Größe des Raumes (Gradnetz, Maßstab, Maßstabsleiste).
3. Ordne den Raum in Ordnungssysteme ein (zum Beispiel Kontinente, Länder, Klimazonen, Vegetationszonen u.a.).
4. Lies die Legende und ermittle, was die verwendeten Signaturen und Symbole bedeuten.
5. Beschreibe die räumliche Verteilung der Flächen-, Linien- und Punktsignaturen.

Auswerten

6. Stelle Zusammenhänge her und vergleiche dabei mit einer physischen Karte oder weiteren thematischen Karten.
7. Ziehe ein Fazit.

M7 Straßenmarkt in Hanoi

China – ein Fünftel der Menschheit

M1 Staatlich geförderte Kinderbetreuung in China

Die Länder, die zu Ostasien gehören, weisen unterschiedliche Einwohnerzahlen auf (S. 18, M1). Das bevölkerungsreichste Land der Erde ist China. Von fünf Menschen auf der Welt ist einer chinesischer Staatsbürger.
Das Bevölkerungswachstum hat über Jahrzehnte pro Jahr mehr als 20 Millionen Menschen betragen. Heute nimmt die Bevölkerung jährlich nur noch um etwa drei Millionen zu.
Wegen der Zunahme der Bevölkerungszahl erhöht sich jährlich auch der Bedarf an Nahrungsmitteln und an Wohnraum. Die Folgen dieser Bevölkerungsentwicklung werden den Chinesen von staatlicher Seite aus immer wieder deutlich gemacht.

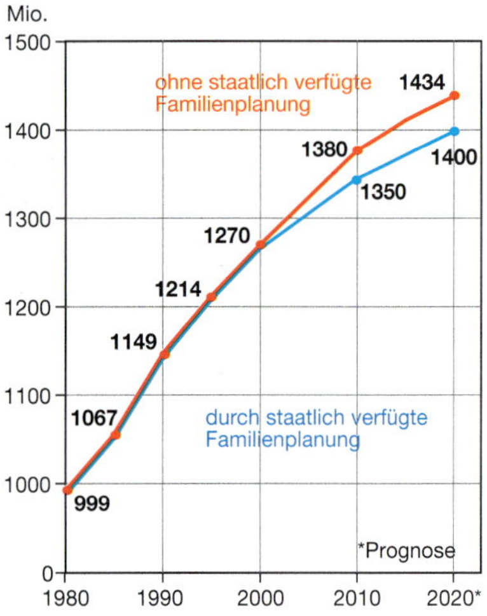

M2 Einfluss des Staates auf die Bevölkerungsentwicklung

Werbung für die Ein-Kind-Familie

Ein Volk ohne Geschwister

„Kinder sind das Juwel des Hauses", dieses Sprichwort zeigt, welche Bedeutung Kinder in China haben. Bis Mitte der 1960er-Jahre galt Kinderreichtum als das große Glück. Doch allmählich wurden die Probleme einer Überbevölkerung erkannt.
Seit 1979/80 setzt China eine Ein-Kind-Politik rigoros durch.
Das Mindestalter für eine Heirat wurde für Frauen auf 20, für Männer auf 22 Jahre festgelegt. Dazu kommen Aufklärungskampagnen, die kostenlose Ausgabe von Empfängnisverhütungsmitteln, aber auch der kostenlose Schwangerschaftsabbruch. Familien mit nur einem Kind haben steuerliche Vorteile oder erhalten eine bessere Wohnung zugeteilt.
Bekommt eine Familie jedoch mehr als ein Kind, entfallen alle Vergünstigungen.
Die Eltern müssen dann mit Geldstrafen und Diskriminierung rechnen. Diese Maßnahmen hatten zur Folge, dass sich das Bevölkerungswachstum verlangsamte. Inzwischen werden aber auch die Auswirkungen dieser Ein-Kind-Politik deutlich (vgl. S. 21). Sie gilt zwar weiterhin, jedoch haben die Behörden zum Beispiel auf dem Land die strengen Regeln etwas gelockert.

Aufgaben

1 **Beschreibe die Bevölkerungsentwicklung in China.**

2 **Nenne Maßnahmen des Staates, um das Bevölkerungswachstum zu begrenzen.**

Arbeitsheft

M3 Ein-Kind-Familie in China

Aufgabe

3 Nenne Folgen, die die Bevölkerungspolitik für die chinesische Gesellschaft und Wirtschaft hat.

Bevölkerungsentwicklung und ihre Folgen

Bis sich ab Mitte dieses Jahrhunderts die Einwohnerzahl Chinas spürbar reduzieren wird, hat das Land mit den Folgen des hohen Bevölkerungswachstums vergangener Jahrzehnte zu kämpfen.

Dem Milliardenvolk stehen nur sieben Prozent der Weltackerfläche zur Verfügung. Für den Bau von Siedlungen, Straßen und Fabriken gehen weiterhin wertvolle landwirtschaftliche Nutzflächen verloren.
Engpässe bei Ausbildungs- und Arbeitsplätzen sowie bei der medizinischen Grundversorgung sind alltäglich.

Die Durchsetzung der Ein-Kind-Familie hat auch zur Folge, dass die Zahl der Einzelkinder zunimmt. Dieser Trend steht im Widerspruch zu den traditionellen Wertevorstellungen der chinesischen Gesellschaft.

In China übernehmen die Söhne die Versorgung der Eltern im Alter, insbesondere auf dem Land. Das ist auch in Indien und anderen Ländern der Region so. Deshalb wünschen sich Eltern unbedingt einen Sohn und nehmen darauf Einfluss. Schon heute fehlen etwa Millionen Mädchen, sodass viele Männer keine Ehefrau mehr finden.

M4 Senioren in einem Park in Peking

MANGEL AN PFLEGEEINRICHTUNGEN

Vergreisung der Bevölkerung: In 20 Jahren sind voraussichtlich 300 Millionen Chinesen älter als 60 Jahre

Rentensystem muss reformiert werden, Rente auch für die ländliche Bevölkerung

Chinesen fürchten sich vor dem Älterwerden

Anhebung des Rentenalters auf 65 Jahre angedacht

M5 Zeitungsmeldungen zum Thema „Chinas Bevölkerung altert"

M1 Eine indische Großfamilie auf dem Land

M2 Junge Menschen in Bombay

Aufgabe

1 **Indien ergreift wie China Maßnahmen, um das Bevölkerungswachstum einzudämmen.**

a) Nenne Maßnahmen.

b) Nimm dazu Stellung.

Arbeitsheft

Bevölkerungswachstum ohne Ende?

Südasien gehört mit über 1,6 Milliarden Menschen zu den am dichtesten besiedelten Großräumen der Erde. In den sieben Staaten Südasiens leben 23 Prozent der Weltbevölkerung. Das bevölkerungsreichste Land dieses Kulturraumes ist Indien mit 1,2 Milliarden Menschen (2010).

Indiens Bevölkerungszahl nimmt jedes Jahr um rund 20 Millionen Menschen zu. Das heißt, jedes fünfte Kind der Erde wird hier geboren. Berechnungen haben ergeben, dass Indien voraussichtlich im Jahr 2025 China als bevölkerungsreichstes Land ablösen wird.

Kinderarbeit in einer Lederfabrik

Kinderreichtum – ein Segen?

Kinder sind wichtig für die gesamte Lebensplanung. Besonders im dicht besiedelten und durch häufige Dürre- und Überschwemmungskatastrophen armen Norden von Indien werden viele Kinder geboren. Hier haben die Familien im Durchschnitt drei Kinder mehr als im Süden. In Indien leben die meisten Menschen noch in Großfamilien.

Eine Altersversorgung für alle Menschen gibt es nicht. Die Kinder müssen ihre Eltern unterstützen, auch wenn diese krank werden. In vielen Betrieben arbeiten deshalb schon Sechs- bis Fünfzehnjährige. Ihre Stundenlöhne sind nur halb so hoch wie die der Erwachsenen. Mit ihrem geringen Einkommen ernähren Kinder ihre oft arbeitslosen Eltern.

Frauen sind der Schlüssel

Seit Jahren bemüht sich die indische Regierung, das Bevölkerungswachstum einzudämmen. Überall im Land werden Vorträge über Geburtenkontrolle gehalten. Plakate und Fernsehspots werben für eine geringere Kinderzahl und jährlich werden Millionen Kondome kostenlos verteilt.

Doch all diese Maßnahmen zeigen bisher wenig Erfolg. Ein Grund dafür sind auch die alten hinduistischen Traditionen. Nach hinduistischem Glauben (82 Prozent der Inder sind Hindus) ist die Fortpflanzung gottgewollt. Söhne sichern den Fortbestand der Familie und sind für die Altersversorgung der Eltern zuständig.

Die Geburt eines Mädchens wird in Indien häufig noch als Belastung für die Familie angesehen. Bei ihrer Heirat muss mitunter eine hohe Mitgift an die Familie des künftigen Ehemannes gezahlt werden. Deshalb investiert die arme Bevölkerung oft nicht in die teure Schulbildung ihrer Töchter.

Viele Mädchen bleiben daher Analphabetinnen. Sie können dann weder die Aufschrift auf einer Arznei noch die Gebrauchsanweisung für Verhütungsmittel lesen. Wissenschaftler weisen immer wieder darauf hin, dass mehr in die Bildung investiert werden muss, um das Bevölkerungswachstum bremsen zu können.

Land	Anteil der Alphabeten (in %)	durchschnittliche Kinderzahl pro Frau
Deutschland	ca.100	1,3
USA	ca.100	2,0
Niger	9	8,0
Mali	17	7,0
Tschad	36	6,6
Südafrika	85	2,8
Brasilien	87	2,2
Peru	86	2,9
Indien	47	3,1
China	79	1,7
Japan	ca.100	1,3

M3 Alphabetismus und Kinderzahl von Frauen

M5 Werbung für die Zwei-Kind-Familie

M4 Junge Frauen aus der städtischen Oberschicht beim Einkaufen in einem Shoppingcenter in Bombay

Ethik

www.web-japan.org/
kidsweb/explore/german

Aufgaben

1 **Beschreibe die Veränderungen in der japanischen Bevölkerung.**
2 **Nenne Beispiele, wie die Regierung auf diese Veränderungen reagiert.**

M1 Senioren in einer Pachinko-Spielhalle

Japan – das „älteste" Land der Welt

Im Industrieland Japan wird in den nächsten Jahrzehnten die Bevölkerungszahl immer mehr abnehmen. Schon heute ist Japan mit einem Durchschnittsalter von über 40 Jahren das „älteste Land" der Welt. Im Jahre 2025 werden 30 Prozent der Bevölkerung älter als 65 Jahre sein.

Die Alterung der Gesellschaft stellt das Land vor gravierende Probleme, deren Lösungen bereits heute angedacht werden. So wurde bereits 2001 das japanische Rentensystem reformiert, wobei ein Kernpunkt die Erhöhung des Rentenalters von 60 auf 65 Jahre war.

Japanische Seniorin (103) bei der Arbeit

Mit ungewöhnlichen Stellenanzeigen wird schon jetzt um ältere Arbeitskräfte geworben: „Gesucht werden arbeitswillige Menschen über 60".

In vielen Orten wird über eine Zusammenlegung von Schulen und Altersheimen nachgedacht. Damit soll das gegenseitige Verständnis der Generationen gefördert werden.

Auch Autohersteller stellen sich zunehmend auf die älter werdenden Arbeitskräfte ein: „Wir werden in Zukunft altersverträgliche Arbeitssitze am Fließband in unserer Fabrik haben".

(Nach Zeitungsberichten)

M2 Visual Kei – ein japanischer Jugendtrend

Info

Japan in deutschen Kinder- und Jugendzimmern

Weltweit bekannt sind vor allem Mangas und Animes. Das sind japanische Comics und Animationsfilme, die mittlerweile auch den europäischen Markt erobert haben. Unzählige Mangahefte erscheinen jährlich und eine Vielzahl von Animes läuft im deutschen Fernsehen. Häufig werden zu den Serien erfolgreiche Sammelkartenspiele und andere Begleitprodukte angeboten. Bekannte Vertreter sind Pokemon und Yu-Gi-Oh.

Veränderungen in der Jugendkultur in Japan

Einen Großteil ihrer Zeit verbringen japanische Kinder und Jugendliche mit Lernen: in der Schule, zu Hause oder im Nachhilfeunterricht. Es herrscht ein großer Leistungsdruck. Schlechte Noten werden noch weniger akzeptiert als bei uns. Eine gute Bildung zu besitzen, wird von vielen Japanern als höchster Wert angesehen.

In japanischen Schulen sind Schuluniformen Pflicht. Der Einzelne soll nicht aus dem Kollektiv hervorstechen. Was zählt, sind traditionelle Werte wie Harmonie, Gehorsam und Unterordnung. Immer mehr Jugendliche halten diese Wertevorstellung allerdings für veraltet.

Sie möchten keine Schuluniform tragen und versuchen außerhalb der Schule aus dem Werte-Korsett auszubrechen. So entstand eine Vielzahl von Jugendtrends, die schrill und bunt sind und wenig mit den Werten der Eltern oder Großeltern zu tun haben. Sie nennen sich Ganguro, Cosplay, Gothic Lolita oder Visual Kei. Einige dieser Trends werden auch in Europa immer beliebter.

Eine Möglichkeit, ihrem gleichförmigen Schulalltag zu entkommen, bieten die Unterhaltungsindustrie und das Internet. In keinem anderen Land verbringen Kinder und Jugendliche mehr Zeit im Netz als in Japan. Speziell das Handy ist wichtig, insbesondere für das Surfen und Chatten.

M3 Schüler in Schuluniform

Aufgabe

3 Erläutere: Die Jugend Japans zwischen Tradition und Moderne.

Indonesien: Bevölkerungsdruck abbauen

Aufgaben

1 **Die Insel Java ist sehr dicht besiedelt. Andere Inseln Indonesiens dagegen weisen nur eine geringe Bevölkerungsdichte auf. Nenne Ursachen dafür.**

2 **Beschreibe das Transmigrasi-Umsiedlungsprojekt. Nimm dazu Stellung.**

Unter den Ländern Südostasiens ist Indonesien mit rund 240 Millionen Einwohnern (2010) der bevölkerungsreichste Staat. Trotz Kampagnen zur Geburtenkontrolle wächst die Bevölkerung noch weiter an. Fast die Hälfte der Einwohner Indonesiens lebt auf der Insel Java.

Sie wird aufgrund ihrer vulkanischen fruchtbaren Böden auch „Garten des Ostens" genannt. Städte auf der Insel, wie Jakarta, Surabaya und Bandung, platzen aus allen Nähten. Industrie- und Autoabgase, Müllberge und verschmutzte Gewässer belasten die Umwelt stark.

M1 In Jakarta

Umsiedlungsgebiet auf Sumatra

Das Transmigrasi-Projekt

Um den Bevölkerungsdruck auf der Insel Java abzubauen, führt die indonesische Regierung seit den 1970er-Jahren Umsiedlungsaktionen auf andere, nicht so stark besiedelte Inseln durch.

Umsiedlungswillige, vor allem landlose Bauern, gibt es genug. Etwa sieben Millionen Menschen haben bis heute ihren Wohnsitz geändert. Obwohl die Umsiedlung zahlreiche Probleme mit sich bringt, hält die Regierung an dem Programm fest, jedoch auf einem weitaus geringeren Niveau.

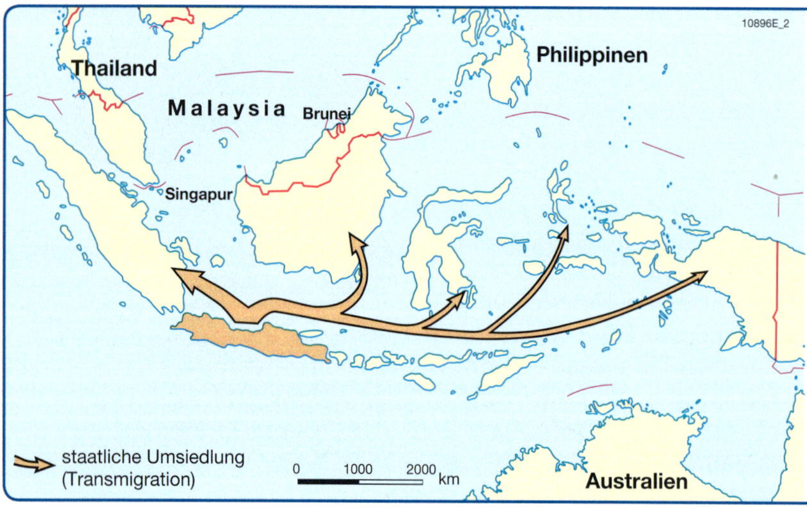

Probleme der Umsiedlung

- Rodung von großen Flächen tropischen Regenwaldes zur Gewinnung von Ackerland
- Böden weniger fruchtbar, Erträge sinken nach zwei bis drei Jahren
- Auseinandersetzungen mit den Völkern in den Umsiedlungsgebieten, aber auch zunehmend friedliches Zusammenleben
- Rückkehr von Umsiedlern auf die Insel Java

Statistiken auswerten

METHODE

So gehst du vor

Lesen

1. Nenne den Titel und die Quelle der Statistik.
2. Lies einzelne Daten ab. Gib dazu jeweils die Maßeinheit und die Jahreszahl an.
3. Bestimme jeweils die höchsten und niedrigsten Werte (Maximum und Minimum).

Auswerten

4. Vergleiche die Daten in den Datengruppen. Nenne Ursachen für Gemeinsamkeiten und Unterschiede. Beziehe deine Vorkenntnisse ein.
5. Ziehe ein Fazit.

Aufgaben

3 **Werte die statistischen Daten in M2 aus. Nutze dazu die Schrittfolge.**

4 **Ordne die angegebenen Länder den Räumen Ost-, Süd- und Südostasien zu.**

5 **Nenne je zwei Industrieländer, Schwellenländer und Entwicklungsländer. Begründe deine Entscheidung.**

6 **Fertige zu zwei ausgewählten Ländern Kreisdiagramme zum Anteil der drei Wirtschaftsbereiche am BIP an.**

Land	Einwohner (in Millionen, 2010)	BNE je Einwohner (in US-$) 2008	Städtische Bevölkerung (in Prozent) 2007	Energieverbrauch je Einw. (in kg Öleinheiten) 2007	Anteile am BIP (in Prozent) 2008		
					Landwirtschaft	Industrie	Dienstleistungen
Bangladesch	164,4	520	25	163	20	24	54
China	1 338,1	2 940	46	1 484	11	47	43
Indien	1 188,8	1 040	29	529	18	27	55
Indonesien	235,5	1 880	43	849	15	48	37
Japan	127,4	38 130	86	4 019	2	29	69
Laos	6,4	760	27	k. A.	35	23	42
Malaysia	28,9	7 250	68	2 733	10	39	51
Malediven	0,35	3 640	35	k. A.	6	18	76
Pakistan	184,8	950	35	512	20	27	53
Singapur	5,1	34 760	100	5 831	0,1	28	72
Südkorea	48,9	21 530	82	4 586	2	33	65
Thailand	68,1	3 670	36	1 553	12	43	45

Quellen: DSW-Datenreport der Deutschen Stiftung Weltbevölkerung 2009 und 2010, Fischer Weltalmanach 2011

Erläuterungen:

BNE = Bruttonationaleinkommen, jährlich von den Bürgern eines Staates erbracht, bei Angabe je Einwohner geeignet zum Vergleich des wirtschaftlichen Entwicklungsstandes von Staaten

BIP = Bruttoinlandsprodukt, volkswirtschaftliche Gesamtleistung eines Staates, oft angegeben mit dem Anteil der drei Wirtschaftsbereiche

k. A.: keine Angabe, keine Daten vorliegend

M2 Statistische Daten zu ausgewählten Ländern Ost-, Süd- und Südostasiens

Info

Statistik

Mathe

Statistiken sind zusammengestellte Daten, angegeben in absoluten oder relativen Zahlen. Sie werden in Tabellen oder Diagrammen (Kreis-, Balken-, Säulendiagramme) dargestellt.

Wirtschaftlicher Entwicklungsstand

Japan – ein führendes Industrieland

In einem beispiellosen wirtschaftlichen Aufstieg hat sich Japan in den letzten fünf Jahrzehnten zu einer bedeutenden Wirtschaftsmacht und einem führenden **Industrieland** entwickelt.
Die Industrie ist äußerst vielseitig, leistungsfähig und durch einen hohen technischen Stand international sehr konkurrenzfähig. Fertigprodukte aller Art, die in die Welt exportiert werden, tragen das Qualitätszeichen „Made in Japan". In vielen Branchen, zum Beispiel im Fahrzeugbau und in der Unterhaltungselektronik, bestimmen japanische Firmen den Weltmarkt.

Produktion

- „Just-in-Time-Production" – zeitlich exakte Anlieferung von Einzelteilen zur Endmontage (keine Lagerkosten)
- „Lean Production" – Fertigung in kleinen Teams, regelmäßige Absprachen zwischen Managern und den Teams (Senkung des Zeit- und Kostenaufwandes)

Firma und Familie

- Leitspruch: „Die Firma ist die Familie."
- Firma stellt Wohnungen, Ausbildungsplätze, Sporthallen und kostenlose Krankenversorgung zur Verfügung
- Wandel bei jüngeren Arbeitnehmern: Sie wechseln häufiger die Firma.

Ausland

- Kauf und Errichtung von Produktionsstätten im Ausland (Senkung der Transportkosten und Einfuhrzölle)
- Produktionsverlagerung ins Ausland wegen der dort geringeren Löhne
- Kredite für Entwicklungsländer, die Rohstoffe auch für Japan abbauen

M1 Japanische Besonderheiten in der Wirtschaft

Japanischer Leistungswille

M2 Appell zum Arbeitsbeginn

Wir fragen Herrn Kasai nach seinem Beruf und erhalten eine typisch japanische Antwort: „Ich bin seit 15 Jahren bei der Firma Toyota." Er ist stolz darauf, bei dieser Firma arbeiten zu dürfen. Dafür war er lange bereit, auf Urlaubstage zu verzichten. „Die Firma ist die Familie." Für Herrn Kasai gab es wegen der täglichen Überstunden und der üblichen Umtrunke mit Kollegen fast kein Familienleben. Das hat sich in den letzten Jahren verändert.

Nachdem immer häufiger Fälle von „Karoshi", dem Erschöpfungstod am Arbeitsplatz, aufgetreten waren, hat ein Umdenken in den meisten Firmen stattgefunden. Heute ist Herr Kasai verpflichtet, jährlich seinen gesamten Urlaub zu nehmen und die Überstunden zu reduzieren. Seine Frau und seine Kinder freuen sich darüber. Herrn Kasai fällt es nicht leicht, weniger zu arbeiten. Aber ein Umdenken hat auch bei ihm eingesetzt.

Handelsmacht ohne Rohstoffe

Japan ist ein sehr rohstoffarmes Land. Deshalb ist die japanische Wirtschaft auf Rohstoffimporte angewiesen. Neben Brennstoffen wie Erdöl, Erdgas und Kohle müssen auch die meisten anderen Bodenschätze importiert werden. Erdöl kommt hauptsächlich aus den Ländern am Persischen Golf, die anderen Rohstoffe liefert vor allem Australien.
Täglich laufen hunderte Frachtschiffe und Tanker in die Häfen von Tokio, Nagoya und Hiroshima ein.

Die geladenen Rohstoffe und Bauteile für Kraftfahrzeuge, Werkzeugmaschinen, Kameras und Computer werden schon kurze Zeit später zu Fertigwaren weiterverarbeitet. Ein großer Teil wird sofort wieder exportiert.

Viele Unternehmen, wie Mitsubishi Oil, Kawasaki Steel oder Mazda haben ihre Produktionsstätten in den Häfen oder in Hafennähe errichtet. Dadurch sparen sie Zeit und halten die Transportkosten niedrig.

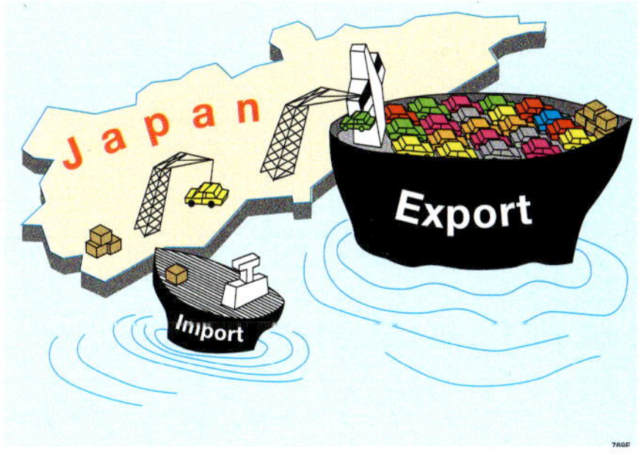

M3 Karikatur

Industrieansiedlung auf Neuland bei Yokohama

Raumnot: Neues Land aus dem Meer

Ein großes Problem Japans ist seine Raumenge. Deshalb gewinnen die Japaner Neulandflächen aus dem Meer (M4), bis heute mehr als 1 000 km². Trotz der hohen Erschließungskosten rentieren sich die Maßnahmen angesichts der extremen Bodenpreise. Japans Industrie erhält so verkehrsgünstige Standorte an der Küste. Hochseeschiffe können direkt an den Hafenanlagen der Betriebe Rohstoffe löschen oder Industrieprodukte für den Export übernehmen.

Aufgaben

1. **Beschreibe Besonderheiten der japanischen Wirtschaft (M1).**
2. **Liste die von Herrn Kasai genannten Gründe für den Erfolg von Toyota auf (Text S. 28). Vergleiche mit Deutschland.**
3. **Erläutere die Standortvorteile der Küste für die Industrie (M3, M4).**

Arbeitsheft

www.de.emb-japan.go/jp/

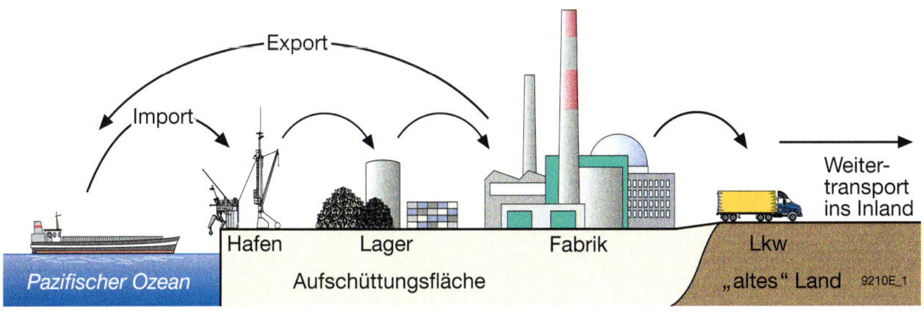

M4 Japans neue Küste – bevorzugter Industriestandort

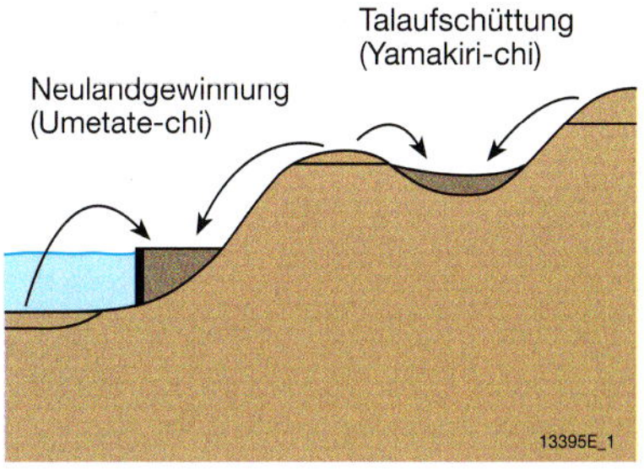

M5 Doppelte Landgewinnung

Malaysia – ein Schwellenland

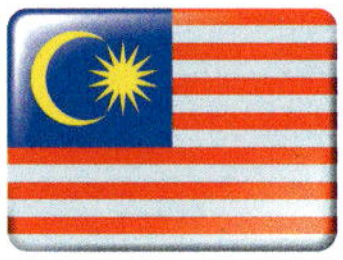

M1 Flagge Malaysias

Zukunftstechnologien

Malaysia, vor allem der Westteil auf der Malakka-Halbinsel, erlebte in den letzten Jahrzehnten einen rasanten Aufschwung. Einen großen Anteil daran hat die Sonderwirtschaftszone Multimedia Super Corridor. In diesem etwa 750 km² großen Gebiet zwischen der Hauptstadt Kuala Lumpur und dem internationalen Flughafen sind zahlreiche Hightech-Unternehmen angesiedelt. Malaysia ist bereits heute der weltweit größte Exporteur von Mikrochips. Weitere wichtige Exportgüter sind Audio-, Video-, Klima- und Elektrogeräte. Malaysia ist ein Schwellenland.

Palmölboom und Nachhaltigkeit

In den vergangenen Jahren ist Palmöl ein globaler Exportschlager geworden. Die Ursache liegt in der verstärkten Nutzung des Palmöls für Biodiesel. Die Umweltfreundlichkeit des Palmöls ist aber fraglich. In Malaysia werden Plantagen im tropischen Regenwald angelegt. Für die Erschließung wird Brandrodung betrieben, bei der viel CO_2 entsteht. Teilweise werden auch Landwirtschaftsflächen in neue Plantagen umgewandelt. Viele Familien verlieren ihr Land. Dadurch wird die Reis- und Gemüseernte zwangsläufig zurückgehen. Häufig müssen die Kinder auf den Plantagen arbeiten, da den Familien das Geld für die Schulbildung fehlt.

Aufgaben

1. **Beschreibe die geographische Lage Malaysias.**
2. **Vergleiche die statistischen Daten Malaysias mit denen von Laos (S. 27, M2).**
3. **Nenne Ursachen des Palmölbooms in Malaysia und beschreibe Vor- und Nachteile für Wirtschaft, Natur und Mensch.**

Ölfrüchte

M2 Ernte auf einer Palmölplantage

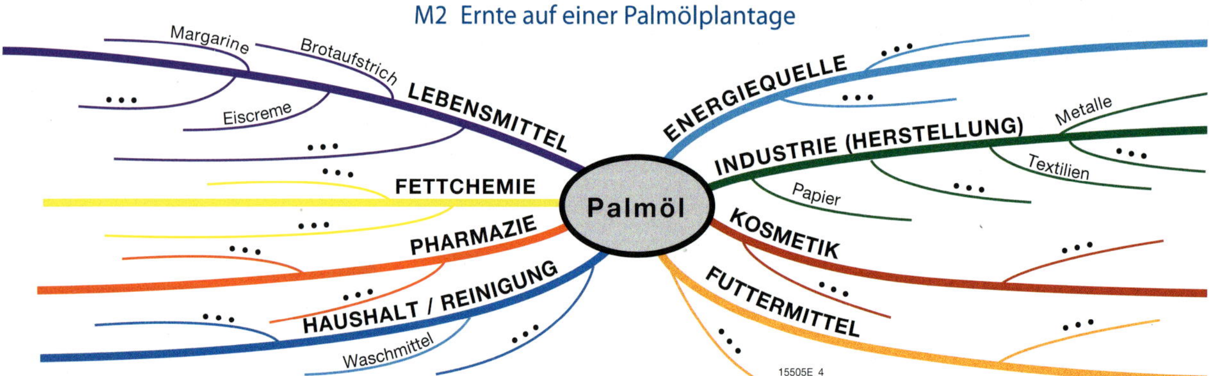

M3 Mindmap zur Nutzung von Palmöl

M4 Die Malediven im Indischen Ozean

Republik Malediven – Licht und Schatten

M5 Flagge der Malediven

Die Malediven im Indischen Ozean erstrecken sich über mehr als 800 Kilometer (M6). Von den über 1 000 Koralleninseln sind etwa 220 von Einheimischen bewohnt und rund 90 sind reine Touristeninseln. Die Inseln liegen nur etwa ein Meter über dem Meeresspiegel. Einmal den Urlaub auf den Malediven zu verbringen, ist wegen der fantastischen Unterwasserwelt und den schönen Stränden für viele ein Traum.
Der Tourismus entwickelte sich zum wichtigsten Wirtschaftszweig des Landes. Die meisten Touristen kommen aus Europa (etwa 60 Prozent). Doch in den vergangenen Jahren wurden die Inseln auch bei chinesischen Urlaubern immer beliebter.
Nach dem Tourismus ist die Fischindustrie die wichtigste Einnahmequelle. Fast alle anderen Nahrungsmittel müssen importiert werden. Die Malediven sind ein Entwicklungsland. Sie gehören aber seit Anfang 2011 nicht mehr zu den am geringsten entwickelten Ländern auf der Liste der UNO.
Die meisten Bewohner der Malediven haben ein geringes Einkommen. Das führt zu sozialen Spannungen.

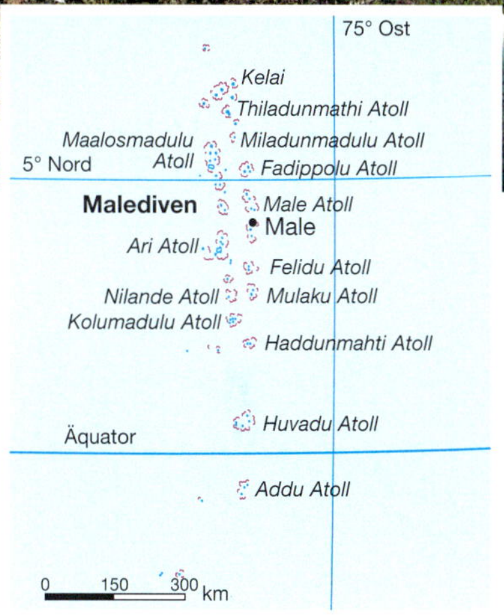

M6 Inselkette Malediven

Aufgaben

4 **Beschreibe die geographische Lage und die Gliederung der Malediven.**

5 **Erläutere die Überschrift: Republik Malediven – Licht und Schatten.**

M7 Tauchurlaub auf den Malediven

M8 Einheimische Fischer

Info

Verwendung der Reispflanze

Reiskörner:	Nahrungsmittel, Reismehl, Reiswein, Bier, Schnaps, Stärke
Reiskleie:	Viehfutter
Reisstärke:	Tapetenkleister, Wäschestärke, Kosmetika
Reisöl:	Seife, Kerzen
Reisstroh:	Dachdeckung, Hüte, Matten, Schuhe, Papier, Besen, Einstreu

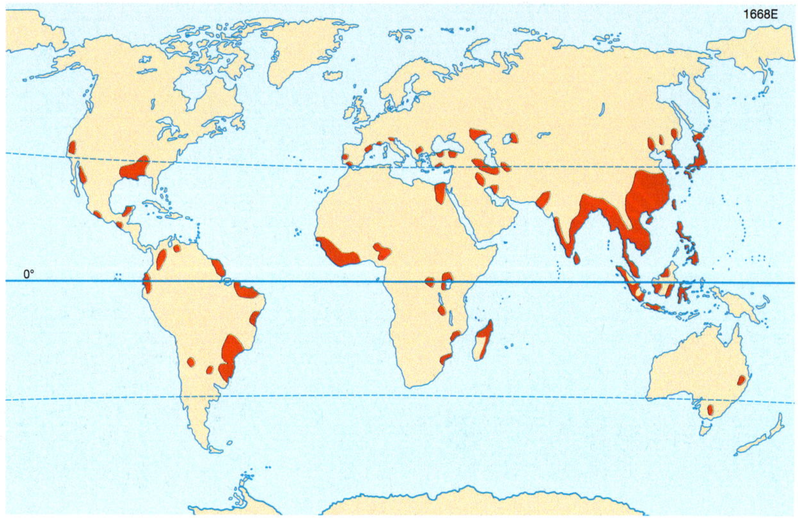

M1 Bedeutende Reisanbaugebiete der Erde

Reis – ein Hauptnahrungsmittel

Für mehr als die Hälfte aller Menschen ist Reis das Hauptnahrungsmittel. In Asien ist er das wichtigste landwirtschaftliche Anbauprodukt. Mehr als 90 Prozent der Weltreisproduktion entfallen auf die Länder Ost-, Süd- und Südostasiens. Hier ist eine Mahlzeit ohne Reis nicht vorstellbar. Mitunter ist er sogar das einzige Nahrungsmittel.
In China wurde Reis schon vor mehr als 7 000 Jahren angebaut.

Er stellte ursprünglich keine besonderen Ansprüche für sein Wachstum. Jedoch ist für seinen ertragreichen Anbau die Zufuhr von Wasser Grundvoraussetzung. Für die Produktion einer Tonne Reis sind 3 000 bis 5 000 Liter Wasser erforderlich. Rund 80 Prozent der Weltreisernte werden mithilfe von Bewässerungsmaßnahmen erzeugt (S. 33).

Land	in Mio. t
China	193,35
Indien	148,26
Indonesien	60,25
Bangladesch	46,91
Vietnam	38,73
Myanmar	30,50
Thailand	30,47
Brasilien	12,10
Pakistan	10,43
USA	9,24
Welt	*685,01*

M2 Reisanbauländer (2008)

Erstaunliches

- „Honda", eine japanische Automarke, bedeutet „Hauptreisfeld" und „Toyota" wird mit „Reiches Reisfeld" übersetzt.
- In Thailand fragen die Menschen zur Begrüßung nicht: „Wie geht's?" Sie fragen „Heute schon Reis gehabt?"
- In Asien werden bei Hochzeiten die Vermählten mit Reiskörnern beworfen. Das soll Kindersegen bringen.
- In Nepal ist eine Reiszeremonie besonders wichtig, bei der das Kind zum ersten Mal feste Nahrung bekommt, eben Reis.

(Nach: Kleine Reislektüre, www.unclebens.de, 14.3.2011)

Bio

Aufgaben

1. **Berichte über die Bedeutung von Reis.**
2. **Erläutere, weshalb die Kulturräume Ost-, Süd- und Südostasien als „Reiserdteile" bezeichnet werden.**
3. **Beschreibe die Arbeiten beim Anbau von Reis im Bewässerungsfeldbau.**

Arbeitsheft

Vorbereitung der Nassfelder

- Die Reisbauern pflügen mit Wasserbüffeln das Nassfeld, sie stehen dabei knietief im Wasser.
- Die Dämme der kunstvoll angelegten Felder werden ausgebessert, damit das zum Wachstum der Reispflanzen notwendige Wasser nicht abfließen kann.
- Bewässerung: Überflutung der Felder vom darüber liegenden Feldstück her
- die vorgezogenen Pflanzen werden in Handarbeit von den Saatbeeten in die Nassfelder gesetzt

Reife des Reises

- Bewässerung der Reisfelder je nach Reifegrad der Pflanzen, das Wasser muss zunächst mit dem Wachstum der Reispflanzen steigen
- Unkraut muss nicht gejätet werden
- ein Nebenprodukt des bewässerten Reisanbaus ist die Fischzucht (Vorteile: Vernichtung von Schädlingen, Durchlüftung des Bodens, Eiweißlieferant für die Ernährung)
- drei bis sieben Monate Wachstum der Pflanzen

Ernte des Reises

- Schneiden der Halme mit einem sichelförmigen Messer (Ani Ani), zunehmend Maschineneinsatz
- anschließend Herausschlagen der Reiskörner aus den Ähren oder Heraustreten durch Büffel
- Trocknen der Reiskörner und weitere Verarbeitung
- Enten, die von Kindern gehütet werden, holen die letzten Körner vom Feld, fressen Schneckenschädlinge und düngen die Felder gleichzeitig mit ihrem Kot
- Vorbereitung der Felder für eine erneute Ernte (zwei bis drei im Jahr)

Gewusst – gekonnt

Knigge für Reisen nach Asien

Damit du in einem asiatischen Reiseland nicht in ein „Fettnäpfchen" trittst, präge dir die Knigge-Tipps ein.

Nicht berühren!
Für die meisten Asiaten ist es ein Tabu, sich von Ausländern berühren zu lassen. Ein Tabubruch ist in manchen Ländern die Berührung des Kopfes: dort wird die Seele des Menschen vermutet. Wer Kinder am Kopf streichelt, läuft Gefahr, ihre Eltern zu verärgern.

Wai-Land
Der „wai", die Begrüßung mit zusammengelegten Handflächen, ist die in Thailand und anderen Ländern Südostasiens übliche Achtungsbezeugung. Je tiefer sich der Kopf zu den Fingerspitzen neigt, um so größer ist der Respekt vor dem Gegenüber.

Trinkgeld
In Thailand wird sich die Bedienung für ein Trinkgeld mit zusammengelegten Handflächen, dem „wai", bedanken. Keinesfalls sollte der Gast dann Trinkgeld nachlegen oder mit einem „wai" antworten. Das ideale Verhalten: einfach nur Lächeln.

Handfessel
Es ist eine gute Sitte in Thailand, Gästen ein weißes Fadenarmband als Willkommensgeste umzulegen. Als grobe Unhöflichkeit würden Thais es bewerten, wenn ein Gast den Faden, der gelegentlich zu straff um das Handgelenk gewickelt wird, in ihrer Gegenwart entfernen. Bis zur Rückkehr ins Hotel sollten Ausländer damit warten.

Zeigefinger
Es ist überall in Asien ein grober Verstoß gegen die guten Sitten, wenn mit dem Zeigefinger oder der ausgestreckten Hand auf Personen gedeutet wird. Auch Taxis sollten nie mit dem Zeigefinger heran gewunken werden. Statt dessen wird die hohle Hand nach innen gekrümmt und zum Körper hin bewegt, als wollte man Krümel vom Tisch wischen.

Schuhsohlen
In Malaysia und Thailand sollten Touristen stets so sitzen, dass ihre Schuhsohlen nicht sichtbar sind. Gastgeber würden dies als beleidigend empfinden. Die Beine dürfen aus diesem Grund auch nicht übereinander geschlagen werden. Die „unreinen" Fußsohlen dürfen nie auf eine Buddhastatue weisen.

Kurze Hosen
Männer sollten in allen asiatischen Ländern auf kurze Hosen verzichten. In den touristischen Hochburgen Thailands oder Indonesiens werden elegante Shorts inzwischen auch in Luxushotels akzeptiert, allerdings nur tagsüber. Bei Tempelbesuchen sollten Arme und Beine bedeckt sein.

1 Löse das Kreuzworträtsel.

1 Hauptstadt von Vietnam
2 Vulkan in Japan
3 indische Industriestadt
4 Land in Südasien
5 Produkt aus Palmen
6 Land in Ostasien
7 Land in Südostasien
8 Fluss mit Deltamündung

Nenne das Lösungswort und beschreibe seine Lage.

2 Finde den nicht in die Reihe passenden Begriff. Erkläre.

a) Monsun, Taifun, Zyklon, Tsunami, Wirbelsturm
b) Mekong, Ganges, Java, Huang He, Indus
c) Bombay, Peking, Neu-Delhi, Tokio, Bangkok
d) Bali, Taiwan, Malediven, Honshu, Korea

- die kulturelle und naturräumliche Vielfalt von Ost-, Süd- und Südostasien beschreiben,
- den Einfluss des Monsunwindes auf das Leben und Wirtschaften analysieren, dabei Klimadiagramme auswerten,
- die Bevölkerungsentwicklung beschreiben und zu bevölkerungspolitischen Maßnahmen Stellung nehmen,
- den wirtschaftlichen Entwicklungsstand von Ländern mithilfe von Statistiken vergleichen.

Du kannst dabei folgende Fachbegriffe anwenden:
Monsun, Wirbelsturm, Bevölkerungsentwicklung, Industrieland, Schwellenland

3 Bilde fünf zusammengesetzte Wörter.

Industrie, Sommer, Wirbel, Ganges, Bevölkerung, Monsun, Land, Sturm, Entwicklung, Delta

4 Löse das Bilderrätsel.

Aufstrebende Wirtschaftsmächte:

M1 Shanghai (China)

China und Indien

M2 Hyderabad (Indien)

- die Länder China und Indien als aufstrebende Wirtschaftsmächte beschreiben,
- die Entwicklung und Bedeutung der Sonderwirtschaftszonen erläutern,
- die Bedeutung der Landwirtschaft zur Ernährung der wachsenden Bevölkerung analysieren,
- Raumveränderungen und ihre Folgen analysieren,
- mit kartographischen Skizzen arbeiten,
- in Gruppen arbeiten.

Aufstrebende Wirtschaftsmächte: China

Steckbrief VR China

Fläche:	9,57 Millionen km^2
einschl. Tibet und Sonderverwaltungsregionen:	(1,23 Millionen km^2)
	Hongkong (1 096 km^2)
	Macao (23,8 km^2)
Einwohner:	1,338 Milliarden
Hauptstadt:	Peking
Währung:	Renmin-bi Yuan (1 € = 9,35 RY, Stand: 07.04.2011)

www.planet-wissen.de
Suchbegriff: China

Aufgaben

1 **Beschreibe die geographische Lage Chinas und miss die Nord-Süd- und Ost-West-Ausdehnung. Vergleiche mit Europa.**

2 **Weise nach, dass China ein altes Kulturland ist.**
Arbeitsheft

M1 Der Eingang zur Verbotenenen Stadt in Peking

Ein altes Kulturland

Land des Drachens

So nannten die Völker der an China angrenzenden Länder schon vor Jahrhunderten ihren großen Nachbarn. Sie zollten ihm damit ihre Bewunderung, zeigten aber zugleich ihre Furcht vor dessen Stärke.

Über Jahrtausende regierten chinesische Kaiser als „Söhne des Himmels" in weiten Teilen Ostasiens. Die chinesische Geschichte kann man mehr als 3 000 Jahre zurückverfolgen. Schon am Ende des Mittelalters gab es hier Millionenstädte mit prächtigen Bauten und gut ausgebautem Straßennetz.

Sehr früh bauten die Chinesen Dämme an den großen Strömen. Sie terrassierten und bewässerten ihre Felder im Lössland. Bereits vor über 4000 Jahren verwendeten die Chinesen eiserne Pflugschare.

Lange vor uns konnten sie Seide und Porzellan, Stahl und Schießpulver herstellen. Schon vor 2 000 Jahren schrieben sie auf Papier und erfanden wenig später den Buchdruck. Diese Erfindungen wurden als Staatsgeheimnisse sorgsam gehütet. Deshalb gelangten sie erst sehr spät nach Europa oder mussten dort neu erfunden werden (z. B. Buchdruck 15. Jh., Porzellan 18. Jh.).

Chinesische Geographen entwickelten meteorologische Messgeräte, das Seismoskop und den Kompass. Von den Meisterleistungen chinesischer Baukunst zeugen die Große Mauer und die Verbotene Stadt (Kaiserpalast) in Peking.

Eine Wiege der Weltkultur

成功

Die chinesische Schrift – „eine Kunst für sich“

Die chinesische Schrift entwickelte sich aus einer Bildschrift, die anfangs vereinfachte Abbilder der Umwelt darstellte. Heute umfasst sie rund 50 000 Schriftzeichen – drei- bis fünftausend davon muss ein Schüler beherrschen, um lesen zu können.

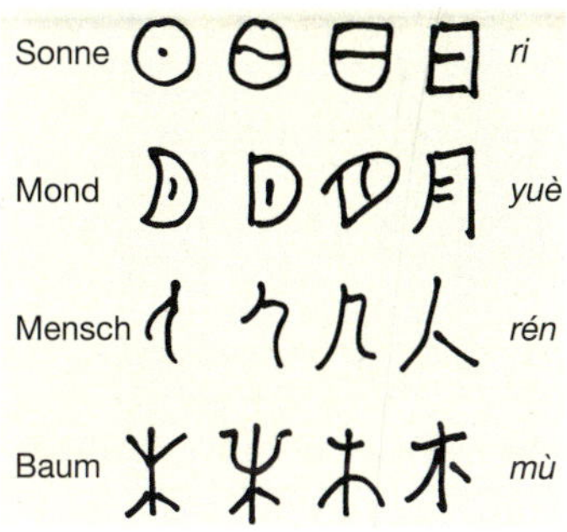

1958 wurden die Schriftzeichen vereinfacht und ihre Jahrtausende lang übliche senkrechte Anordnung auf Zeilen von rechts nach links umgestellt.

Li beim Erlernen der Schriftzeichen

M2 Die Chinesische Mauer (221 v. Chr. – 15. Jh. n. Chr., Schutzwall gegen Mongolen)

M3 Seidenproduktion mithilfe von Seidenraupen – eine chinesische Erfindung

M4 Tonkrieger in der Nähe von Xian. Die Figuren sind über 2000 Jahre alt.

M5 Kompass – drehbarer Löffel aus Magneteisenstein, er richtet sich in N-S Richtung aus

Aufgabe

3 Informiert euch in Lexika und im Internet über weitere Erfindungen im alten China.

M1 Essstäbchenherstellung in einem Privatbetrieb

M2 In einem privatisierten Großunternehmen

Wirtschaft im Aufschwung

Produkt	Förderung/ Produktion (in Mio. t)	Stelle
Eisenerz	263,7	1.
Gold	275,3	1.
Kohle	2 803,3	1.
Erdöl	189,0	5.
Getreide	481,0	1.
Schweine-fleisch	47,2	1.
Fisch	57,8	1.
Kraftfahrzeuge	13,8 (2009)	1.
Energie-verbrauch	2 177,0 (2009)	2.

M3 Chinas Stellung in der Weltwirtschaft 2008 (Quelle: Fischer WA, 2011)

China ist in Bewegung geraten. Das Reich der Mitte gehört zurzeit zu den Staaten mit den weltweit höchsten Wachstumsraten. Verantwortlich dafür ist neben dem Erstarken des Binnenmarktes ein sehr gut funktionierender Außenhandel. China hat 2009 Deutschland als Exportweltmeister abgelöst.

Damit hat China endgültig eine wichtige Position in der Weltwirtschaft eingenommen (M3). Der Startschuss dafür fiel 1979. Bis dahin war Chinas Handel mit anderen Staaten der Welt stark eingeschränkt.

Um den Lebensstandard anzuheben und neue Arbeitsplätze zu schaffen, beschloss die Regierung 1979, die Industrialisierung mit allen Mitteln voranzutreiben. Man ließ Privateigentum und Privatbetriebe zu und verstärkte die Zusammenarbeit mit dem Ausland. Die Küstenzone sollte zur größten Industrieregion der Erde entwickelt werden.

Im Zuge dieser Wirtschaftsreformen entstanden mehr als 70 Millionen Privatbetriebe. Das Einkommen der Bevölkerung konnte mehr als verdoppelt, die industrielle Produktion vervielfacht werden.

Aufgabe

1 **Nenne Maßnahmen, die dazu beitrugen, dass China heute ein Land mit hohen Wachstumsraten in der Wirtschaft ist.** ***Arbeitsheft***

M4 Schlagzeilen

Chinas Hunger nach Rohstoffen

Der Wirtschaftsboom Chinas hat einen enormen Bedarf an Rohstoffen aller Art zur Folge. Besonders hoch ist die Nachfrage nach Energierohstoffen.
China förderte 2009 zum Beispiel drei Milliarden Tonnen Kohle. Das sind 45 Prozent der Weltkohleförderung. Das Land musste aber weitere 26 Millionen Tonnen importieren, um seinen Bedarf zu decken.
Da die einheimischen Vorräte bei anderen Rohstoffen auch kaum ausreichen, muss China viele Bodenschätze aus anderen Ländern einführen.

M5 Kohle

M6 Bastnäsit – ein Erz zur Gewinnung „Seltener Erde"

Neue Wege bei der Rohstoffgewinnung

Chinesische Staatsbetriebe beteiligen sich an der Erschließung von Rohstoffvorkommen in anderen Ländern, besonders in Afrika und Lateinamerika.
Auf diese Weise wird das Land ein zunehmender Konkurrent der westlichen Industrieländer bei der Erschließung und beim Abbau von begehrten Rohstoffen.
In den Abbauländern ist China als Handelspartner sehr gefragt. Denn für die Chinesen spielen die politischen Rahmenbedingungen in den Exportländern keine Rolle. Was zählt, ist der Rohstoff. So unterhält die Volksrepublik Wirtschaftsbeziehungen zu Ländern, die von den westlichen Industrieländern gemieden werden.

Info

„Seltene Erden" – Chinas strategischer Rohstoff

Ob Handys, LCD-Fernseher, Energiesparlampen, Akkus, Computer oder moderne Waffentechnik – fast in allen Hightech-Produkten stecken sogenannte „Seltene Erden". Das sind sehr rare Edelmetalle, die derzeit zu 97 Prozent in China gefördert werden. Zum einen kann China die Weltmarktpreise diktieren, zum anderen können die begehrten Metalle auch als ein politisches Druckmittel genutzt werden.

M7 Hunger!

Aufgabe

2 Obwohl China über große Reserven an „seltenen Erden" verfügt, sollen künftig vorzugsweise chinesische Firmen damit beliefert werden. Erläutere, was hinter dieser Politik steckt (Info, Atlas).

Aufstrebende Wirtschaftsmächte: China

Wirtschaftspartner oder Konkurrent

M1 Neues VW-Werk in China

Von ihnen erhofft sich die Regierung die Schaffung neuer Arbeitsplätze und die Einführung moderner Produktionsverfahren sowie die Ausbildung von Fachkräften.
Die zahlreichen ausländischen Investoren reizen die billigen Arbeitskräfte sowie Vorteile wie gute Infrastruktur, kostenloses Betriebsgelände und Steuererleichterungen.

Vor allem aber lockt der riesige chinesische Markt mit über einer Milliarde möglicher Käufer. Der Volkswagenkonzern, der bereits seit Jahrzehnten in China Autos produziert, will von China aus neue Märkte in Nachbarstaaten erschließen.
„Das Risiko, nicht dabei zu sein, ist größer als das Risiko, dabei zu sein". So beschrieb ein Manager eines großen deutschen Konzerns das umfangreiche Engagement seines Unternehmens in China.

Um die Zusammenarbeit mit dem Ausland zu verbessern, werden vor allem Joint Ventures gefördert. Das sind Firmen, die von Chinesen und Ausländern gemeinsam aufgebaut und geführt werden (z. B. die Shanghai-Volkswagen GmbH).

Land	in Mrd. US-$	Weltanteil (in %)
VR China	1 202	9,6
Deutschland	1 121	9,0
USA	1 057	8,5
Japan	581	4,7
Niederlande	499	4,0
Frankreich	475	3,8

M2 Führende Welthandelsländer – Export 2009 (Quelle: Fischer WA, 2011)

Vernichtung von Raubkopien in Tianjing

Produktklau

Nicht alle chinesischen Unternehmen halten sich an internationale Abkommen. Einige Firmen missachten das Patentrecht und bauen fremde Produkte nach. Damit gefährden sie Arbeitsplätze und richten einen großen Schaden an. Auch die Käufer solcher Produkte sind gefährdet, weil diese Waren den Originalen täuschend ähnlich sehen, aber oft nicht den untersten Qualitäts- und Sicherheitsstandards entsprechen. Etwa 70 Prozent aller weltweiten Plagiate stammen aus China. Die Regierung beginnt langsam, das geistige Eigentum per Gesetz zu schützen. Man erkennt, dass der Produktklau mittel- und langfristig die eigene Wirtschaft stark schädigt.

Aufgaben

1 **Nenne Vorteile von Joint-Ventures für China und die beteiligten ausländischen Firmen.**

2 **Begründe, weshalb das Raubkopieren verboten ist.**

China zieht die Welt an

Weltreise gefällig? Kein Problem! Öffnet einfach euren Kleiderschrank: Ein Blick auf die Etiketten der T-Shirts und Hosen genügt. „Made in Turkey", „Made in Thailand" oder „Fabriqué en Inde" steht da zu lesen. Und immer häufiger „Made in China".

95 Prozent aller in Deutschland verkauften Textilien kommen aus dem Ausland. Der Anteil chinesischer Waren steigt von Jahr zu Jahr. Der Aufstieg Chinas zur Schneiderei der Welt ist nicht mehr aufzuhalten. Die Textilindustrie ist einer der traditionellen Industriezweige Chinas.

Aus dieser Branche stammen 20 Prozent aller aus China exportierten Waren. Die Textilindustrie konzentriert sich vor allem an den Küsten im Süden und Osten des Landes. Experten vermuten, dass in den nächsten Jahren mehr als die Hälfte aller Kleidungsstücke in der Welt aus China kommen wird.

M3 Näherinnen in einer chinesischen Textilfabrik in Shenzhen

M4 Shopping in Deutschland – Textilien aus China

Land	Mrd. Euro
China	9,8
Türkei	3,8
Bangladesch	2,3
Italien	1,9
Indien	1,6
Niederlande	1,1

M5 Herkunftsländer und Werte der Importe von Textilien nach Deutschland (2010)

Wettbewerbsvorteile Chinas in der Textilindustrie

Worin liegt die Stärke Chinas im Textilsektor?
Erstens sind die Lohnkosten niedrig. Eine chinesische Näherin verdient etwa 100 Euro im Monat. Dafür arbeitet sie sechs Tage in der Woche durchschnittlich acht Stunden pro Tag. Nur so ist es möglich, dass zum Beispiel ein T-Shirt aus China im Großhandel für 1,41 Euro angeboten werden kann.
Zweitens wurde in China seit Jahren in moderne Technik investiert. Hier kann nicht nur billig produziert werden, sondern auch hochwertig. Nahezu alle großen Modefirmen lassen in China nähen.
Ein dritter Wettbewerbsvorteil kommt hinzu: Alle Stufen der Textilproduktion sind hier vertreten. China ist der weltgrößte Produzent von Baumwolle. Von der Herstellung der Fasern bis zum Zusammennähen der Kleidungsstücke geschieht alles im Land.

Aufgabe

3 China hat Wettbewerbsvorteile in der Textilindustrie. Erkläre.

Wirtschaft

Boomende Küstenregionen

Räumliche Gegensätze

M1 Bevorzugte Gebiete der industriellen Entwicklung

Nicht alle Einwohner Chinas haben den gleich hohen Anteil am Wirtschaftswunder der letzten Jahrzehnte. So gibt es große Unterschiede zwischen der Küstenregion mit ihren boomenden Städten und Sonderwirtschaftszonen und dem überwiegend landwirtschaftlich geprägten Landesinneren. Dort ist China noch ein Entwicklungsland.

Um den wachsenden Abstand zwischen beiden Landesteilen zu verringern, wurde im Jahr 2000 ein „Großer Entwicklungsplan für den Westen" beschlossen. Mit ihm soll bis 2050 eine Angleichung des Lebensstandards auf nationaler Ebene erreicht werden.

Viele Bauern verlassen mit ihren Familien immer noch ihre Heimat im Landesinneren. Sie zieht es in die großen Städte an der Küste des Landes in der Hoffnung auf ein besseres Leben. Andere verlassen ihr Dorf nur zeitweise.

Bis zu 200 Millionen Menschen bieten ihre Dienste als Wanderarbeiter an. Sie arbeiten zum Beispiel auf den Großbaustellen der Städte, häufig für weniger als die Hälfte der üblichen Löhne und ohne Arbeitsvertrag. Am Rand vieler großer Städte sind inzwischen Hüttensiedlungen für sie entstanden. Dort sind die Lebensbedingungen manchmal sogar schlechter als auf dem Land.

„Ich komme aus einem Dorf in Henan, einer der ärmsten Provinzen Chinas. Ich bin zum Arbeiten nach Shenzhen gekommen, so wie andere junge Leute aus unserem Dorf. Wir halten zusammen – allein gehst du hier unter. Ich arbeite auf verschiedenen Baustellen in der Stadt. Wir arbeiten sieben Tage pro Woche, Urlaub gibt es nicht. Die Arbeit ist hart, alles muss schnell gehen. Aber ich verdiene gutes Geld. Hier kannst du an einem Tag so viel verdienen wie in unserem Dorf in zwei Wochen. Wir leben in Containern – eng, aber billig. Ich spare für ein neues Haus in meiner Heimat. Wenn es dort mit der Wirtschaft aufwärts geht, dann kehre ich zurück."

M2 Leben auf dem Land

Aufgaben

1 **Nenne Ursachen und Folgen der Landflucht in China.**

2 **Erläutere Merkmale von Sonderwirtschaftszonen am Beispiel von Shenzen.**

Arbeitsheft

M3 Skyline von Shenzhen

Shenzhen – Boomtown Chinas

Im Jahr 1980 wurde in Shenzhen die erste von inzwischen sechs Sonderwirtschaftszonen Chinas eingerichtet. Die damalige Parole lautete: „Lasst den Westwind herein. Reichtum ist ruhmvoll."
So wurden in den folgenden Jahren viele ausländische Investoren in die staatlich ausgewiesenen Gebiete gelockt.
Mit ihrem Kapital konnten neue Arbeitsplätze geschaffen und moderne Produktionsverfahren eingeführt werden. Als Anreiz für die ausländischen Unternehmen dienen Steuerermäßigungen und staatliche Zuschüsse. Die Anforderungen an den Umweltschutz sind zumeist gering.

Wichtigster Standortfaktor für die Errichtung Shenzens zur ersten Sonderwirtschaftszone war die Lage direkt an der Grenze zur heutigen Sonderverwaltungszone Hongkong.

Hongkong – bis 1997 eine Kronkolonie Großbritanniens – war schon um 1980 ein bedeutendes Wirtschaftszentrum Asiens.
In Shenzen setzte nach Ausweisung als Sonderwirtschaftszone ein riesiger Bauboom ein.

Jahr	ländliche Bevölkerung	städtische Bevölkerung
1980	80 %	20 %
1990	75 %	25 %
2000	64 %	36 %
2009	55 %	45 %

M4 Verstädterung in China

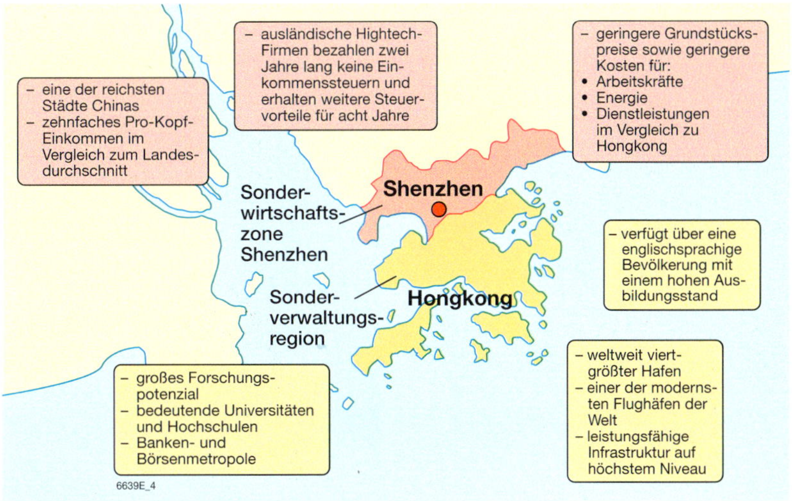

M5 Sonderwirtschaftszone Shenzhen

Aufstrebende Wirtschaftsmächte: China

M1 Der chinesische Pavillion auf der EXPO 2010 in Shanghai

M2 Formel-1-Rennstrecke in Shanghai

Shanghai

- 18,5 Millionen Einwohner, zusätzlich ca. 5,2 Millionen Wanderarbeiter
- 50 000 ausländische Arbeiter
- weltgrößter Tiefwasserhafen
- einzige Formel-1-Rennstrecke Chinas, erste öffentliche Magnetschwebebahn der Welt, Weltausstellung 2010

Shanghai – Wirtschaftsmetropole Chinas

Shanghai ist die größte Stadt Chinas. Bereits im 19. Jahrhundert war sie das wichtigste Handels-, Finanz- und Industriezentrum. Die Stadt gehörte zu den wenigen chinesischen Städten, in denen sich Ausländer ansiedeln und Handel treiben konnten.

Im Zuge der wirtschaftlichen Reformen wurde Pudong, ein Stadtteil Shanghais, als bisher letztes Gebiet zur Sonderwirtschaftszone erklärt. Seitdem erlebt Pudong einen unbeschreiblichen Wirtschaftsboom. Noch 1993 war der heutige Stadtteil ein sumpfiges Gebiet, bebaut mit Holz- und Steinhäusern.

Heute wird Pudong mit seinen zahlreichen Wolkenkratzern der Finanz- und Handelsbranche sowie einem 130 Meter hohen Börsengebäude als „Manhattan des Ostens" bezeichnet.

In unmittelbarer Nähe liegt das chinesische „Silicon Valley", in dem sich viele Firmen aus den Bereichen Mikroelektronik, Biomedizin und Raumfahrttechnik angesiedelt haben. Aber auch der Dienstleistungssektor entfaltet sich in Shanghai immer mehr. Davon zeugen Luxushotels und Einkaufszentren wie die „Super Brand Mall", das größte Einkaufszentrum Asiens.

M3 Shanghai/Stadtteil Pudong

Jugendliche und ihre Lebenswelten

„Ich heiße Ma Liya und lebe in einem kleinen Dorf östlich der Stadt Lanzhou. Meine Familie arbeitet wie die meisten Dorfbewohner in der Landwirtschaft. Wir leben in einfachen Lehmhütten ohne Stromanschluss und Heizung. Die warmen Mahlzeiten bereitet meine Mutter auf einer Feuerstelle in der Küche. In unserem Dorf gibt es keine befestigten Straßen. Das Leben ist sehr hart für uns, da der Verdienst in der Landwirtschaft nicht besonders hoch ist. Meine Eltern wollen, dass es mir später einmal

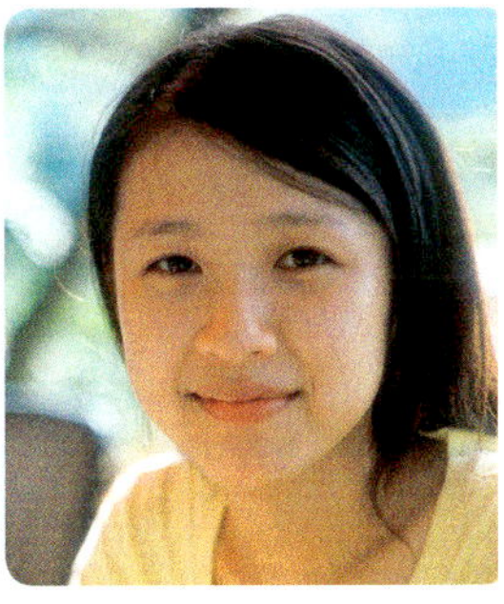

besser geht. Dafür werde ich aber unser Dorf verlassen und in eine große Stadt ziehen müssen. Nur dort hat man die Chance auf besser bezahlte Jobs. Dafür ist eine gute Schulbildung wichtig, die ich auf unserer Dorfschule nicht erwerben kann."

M4 Dorfschule in China

Info

Schule in China

Die allgemeine Schulpflicht in China beträgt neun Jahre. Mit sieben Jahren werden die Kinder eingeschult und besuchen sechs Jahre lang die Grundschule, danach vom 13. bis 15. Lebensjahr die Unterstufe der Mittelschule. Nach dem Bestehen der Abschlussprüfung können sie in die Oberstufe der Mittelschule gehen. Wer auf die Universität gehen will, muss die staatliche Aufnahmeprüfung bestehen.

„Mein Name ist Zhou und ich lebe am Stadtrand von Shanghai. Vor zwei Jahren bin ich mit meiner Familie hierher in eine neue Wohnung gezogen. Vorher haben wir mehr in Richtung Stadtzentrum gelebt. Jedoch mussten wir aus unserem alten Wohnviertel (Hutong) hierher ziehen, da unser Hutong neuen Bürogebäuden weichen musste. Wir hatten keine Wahl, die Regierung hat es so beschlossen. In der neuen Wohnung haben wir zwar mehr Komfort, jedoch sind meine Freunde jetzt sehr weit weg. Der wirtschaftliche Aufstieg ist wichtig für China und da muss man mit notwendigen Maßnahmen leben können. Es ist wirklich wahnsinnig interessant, wie schnell sich Shanghais Stadtbild durch den Wirtschaftsboom in den letzten Jahren verändert hat."

Hutong

Aufgaben

1 **Shanghai wird auch als „Metropole der Zukunft" bezeichnet. Erkläre.**

2 **Stelle die unterschiedlichen Lebenssituationen von Ma Liya und Zhou dar.**

3 **Erkläre, warum für Ma Liya eine gute Schulbildung wichtig ist.**

M1 Titelbild der Bildschirm-Präsentation

So gehst du vor

1. Lege das Thema des Vortrages fest *oder* lies das vorgegebene Thema genau durch.
2. Beschaffe dir Informationen zum Thema aus verschiedenen Quellen. Wähle die passenden aus und erstelle eine Gliederung.
3. Erarbeite deinen Vortrag. Gestalte dazu eine Bildschirm-Präsentation. Beachte: Die einzelnen Folien müssen zu den Gliederungspunkten passen und dürfen nicht inhaltlich überfrachtet sein. Sie können auch Fotos, Grafiken, Karten und Audio- und Filmdateien enthalten. Gib immer auch die Quellen der benutzten Materialien an.
4. Halte deinen Vortrag, unterstützt durch die erarbeitete Präsentation.

Aufgabe

1 Stelle die Raumveränderungen durch das Drei-Schluchten-Projekt multimedial dar und präsentiere sie mithilfe einer Bildschirmpräsentation. Orientiere dich an der Schrittfolge.

Das Drei-Schluchten-Projekt

Der Jangtsekiang ist der drittlängste Fluss der Erde und der mächtigste Chinas. In seinem Oberlauf hat er sich tief ins Gebirge eingeschnitten und viele Schluchten geschaffen. In seinem Unterlauf verteilt er seit jeher den mitgeführten Schlamm auf die Felder in der Großen Ebene. Hier wird mehr als die Hälfte aller landwirtschaftlichen Produkte Chinas erzeugt.

In der Vergangenheit wurden Dörfer und Städte entlang des „Jangtse" immer wieder überschwemmt. Sehr viele Menschen verloren dabei ihr Leben.
Im Einzugsgebiet des Flusses wird mehr als die Hälfte der Industrieproduktion Chinas erwirtschaftet. Der Fluss dient dabei als wichtiger Transportweg und Energielieferant.

M2 Jangtsekiang in der Qutang-Schlucht

M3 Jangtsekiang bei Nanjing

Drei-Schluchten-Staudamm: Für und Wider

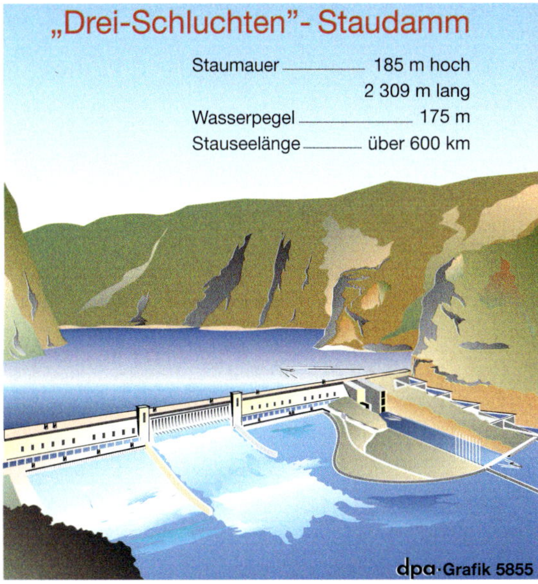

Größtes Stauwerk der Welt

Ziele: Stromerzeugung, Hochwasserschutz, ganzjährige Schiffbarkeit

- Grundsteinlegung: 1994
- Fertigstellung: 2009
- Kosten: 75 Milliarden Euro
- Stromkapazität: 18 200 Megawatt
- fünfstufige Schleuse zur Überwindung von 115 Höhenmetern

M4 Steckbrief des Drei-Schluchten-Dammes

Han Guanwan (Universität Wuhan)

„Der Damm ist eine der größten Fehlplanungen der chinesischen Geschichte. Durch den Stausee werden 137 Städte mit 400 Krankenhäusern und 1 100 Dörfer überflutet. Wegen des Dammes verlieren Millionen Menschen ihre Heimat. Ihre Häuser und das fruchtbare Ackerland werden im Wasser versinken und die Familien müssen in neu geplante Siedlungen ziehen. Oft liegen diese fernab ihrer alten Heimat. Hinzu kommen die Umweltgefahren.

Es werden 1 300 Fabriken, 1 300 Kohleminen und 178 Mülldeponien überschwemmt, wodurch das Wasser langfristig verseucht werden könnte. 200 Millionen Menschen am Unterlauf des Jangtsekiang müssen sich durch einen möglichen Dammbruch bedroht fühlen. Niemand weiß, wie lange der Damm funktionsfähig sein wird. Durch die große Schlammfracht im Fluss könnte der See sehr schnell verschlammen. Dadurch könnten die Wasserkraftwerke unbrauchbar gemacht werden.

Schließlich wird auch eine der schönsten Naturlandschaften, die Drei Schluchten, in den Fluten versinken. Für Hunderttausende Touristen im Jahr gibt es dann keinen Grund mehr, das Jangtse-Tal zu besuchen."

Him Lai (Zentrale Wasserbau-Behörde, Peking)

„Der Staudamm wird uns in unserer Entwicklung einen großen Schritt nach vorn bringen. Am Unterlauf des Jangtsekiang werden nun 200 Millionen Menschen vor großen Überschwemmungskatastrophen geschützt. Der Fluss wird ganzjährig von Schiffen und Schubverbänden befahrbar sein. Chongqing ist dann der weltweit größte Binnenhafen.

Die neuen Elektrizitätswerke werden eine Leistung erbringen, die wir dringend zur Stromversorgung benötigen. Mit der Energie werden wir in erster Linie die Küstenstädte und ihre wichtigen Industriebetriebe versorgen. Wir werden endlich auch viele Tausend Dörfer elektrifizieren können. So verbessert sich der Lebensstandard der Menschen und es können sich weitere Wirtschaftsbetriebe ansiedeln. Dass wir Menschen umgesiedelt haben, sehe ich positiv. Sie mussten zwar ihr altes Zuhause auf dem Seegrund lassen, haben aber eine neue Heimat mit modernen und geräumigen Wohnungen gewonnen. Die chinesische Bevölkerung kann stolz sein auf dieses weltweit größte Bauprojekt seit der Errichtung der chinesischen Mauer."

M1 Gemüseanbau in der Stadt Guilin

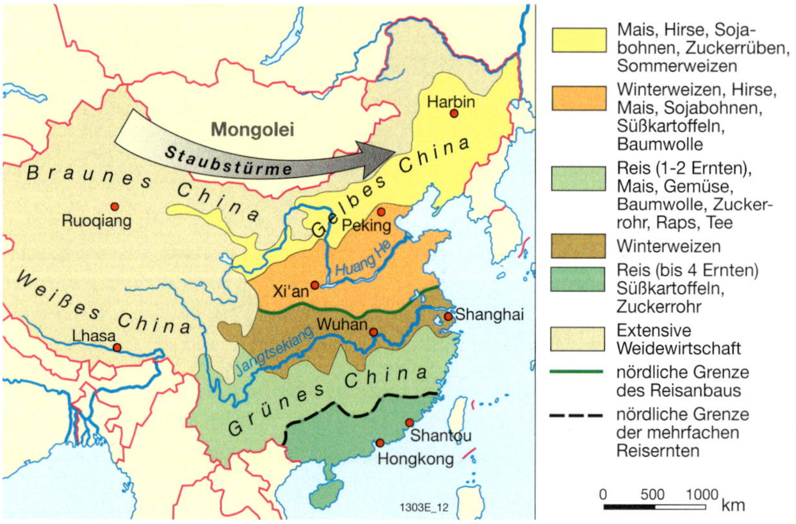

M2 Landwirtschaftsregionen in China

Landwirtschaft Chinas

M3 Veränderte Essgewohnheiten: Jugendliche in einem Fastfood-Restaurant in Peking

Hunderte Millionen Chinesen wohnen auf dem Land. Mit durchschnittlich nur 1,80 Euro pro Tag musste jeder Landbewohner in China im Jahre 2010 auskommen. Der Schulbesuch ist in China kostenlos. Doch viele arme Familien auf dem Land können sich die Unterrichtsmaterialen nicht leisten. Deshalb können einige Kinder nicht zur Schule gehen und helfen bei der Feldarbeit. Viele Dörfer, sind nicht über Straßen zu erreichen. Ein Großteil hat weder elektrischen Strom noch fließendes Wasser.

Früher bestimmte in China der Staat, was angebaut werden sollte. Nun können die Bauern Land zur privaten Bewirtschaftung pachten. In den stadtnahen Gebieten hat dies dazu geführt, dass sich die Betriebe auf Produkte spezialisiert haben, die in der Stadt gut verkauft werden können, wie Obst, Gemüse und Hühner.
Vier Prozent der gesamten Ackerfläche Chinas werden heute noch von Staatsbetrieben bearbeitet, aber auch sie richten ihre Produktion nach dem Absatzmarkt aus.

Aufgaben

1 **Beschreibe die Lage der Landwirtschaftsregionen Chinas und begründe ihre Verbreitung (M2 und Atlas).**

2 **Erläutere den Wandel in der chinesischen Landwirtschaft.**

Arbeitsheft

M4 Marktstand mit Gemüse in der Stadt

M5 Huang He bei Shapotou

Land	in Mio. t
VR China	74,54
USA	43,17
Brasilien	22,83
Deutschland	7,69
Welt	*279,95*

Produktion von Fleisch (2008)

Land	in Mio. t
VR China	112,46
Indien	78,57
USA	68,03
Russland	63,77
Welt	*689,95*

Produktion von Weizen (2008)

Land	in Mio. t
Indien	109,00
USA	86,18
VR China	40,13
Pakistan	33,27
Welt	*693,71*

Produktion von Milch (2008)

M6 Stellung der Landwirtschaft Chinas (Quelle: Fischer WA, 2011)

Die Große Ebene – wichtiges Landwirtschaftsgebiet

Die Große Ebene, zwischen Peking und Shanghai gelegen, entstand vor allem durch Ablagerungen des Huang He. Von den Chinesen wird er wegen seiner gelbbraunen Schlammfracht Gelber Fluss genannt.

Das mitgeführte Material ist Löss und stammt aus der Lösshochebene im Mittellauf des Flusses (M7). Bis in das 20. Jahrhundert hinein trat der Huang He häufig über seine Ufer. Verheerende Überschwemmungen waren die Folge.

Dabei verteilte der Fluss aber auch den fruchtbaren Schwemmlöss über die Große Ebene. Seit Jahrtausenden nutzen die Bauern den fruchtbaren Boden für den Anbau unterschiedlicher Kulturen.

Der Huang He erreicht nur noch in feuchten Jahren das Gelbe Meer. Gründe dafür sind die verstärkte Wasserentnahme für die Trinkwasserversorgung von vielen Millionenstädten und die Bewässerung der Felder.

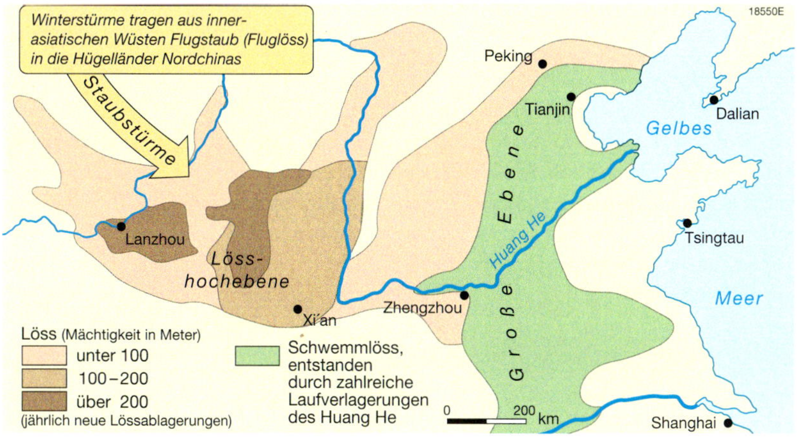

M7 Verbreitung von Flug- und Schwemmlöss

Aufgaben

3 **Erkläre die Verbreitung von Flug- und Schwemmlöss (M7, Atlas).**

4 **Die Große Ebene ist Chinas wichtigstes Landwirtschaftsgebiet. Erkläre.**

Umweltprobleme und Maßnahmen

Info

Fakten zu Umweltproblemen Chinas

- 70 Prozent der Gewässer sind verschmutzt
- 90 Prozent der Flüsse in städtischen Regionen sind verschmutzt
- etwa 50 Milliarden Tonnen Abfall gelangen jedes Jahr in Flüsse und Seen
- 300 Millionen Bauern haben keinen Zugang zu sauberem Trinkwasser
- verschmutztes Wasser verursacht den vorzeitigen Tod von etwa 60 000 Menschen im Jahr

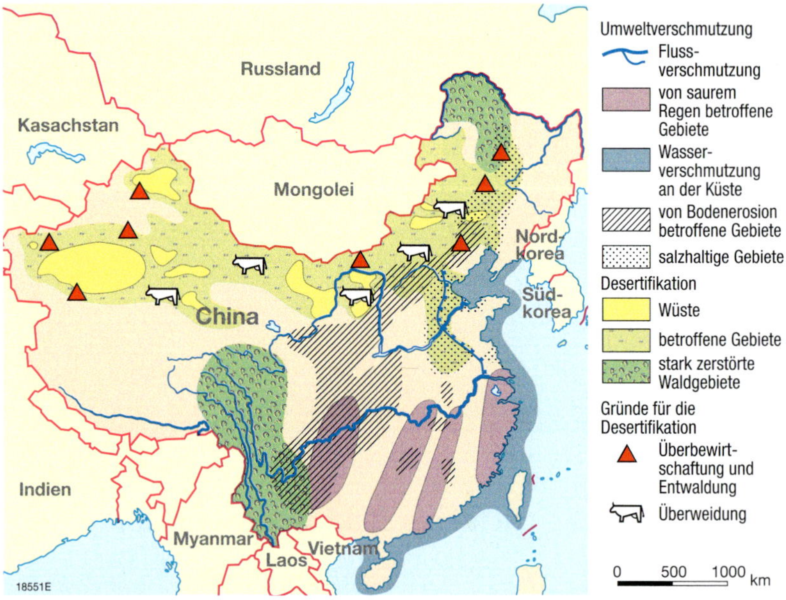

M1 Umweltprobleme in China

Hohe Luftverschmutzung

China gehört zu den größten Luftverschmutzern der Welt. Besonders problematisch ist die Situation in den Städten des Landes. So liegen 20 der 30 Städte mit der weltweit höchsten Luftverschmutzung in China. Wesentliche Verursacher der Luftbelastung sind die Energieerzeugung und die Industrieanlagen.

Da der Einsatz von Filtertechnik noch sehr begrenzt ist, verlassen die Abgase die Anlagen häufig ohne die eigentlich notwendige Reinigung. Durch den höher werdenden Lebensstandard nimmt außerdem der Individualverkehr immer stärker zu. All dies führt zu einer extrem hohen Luftbelastung.

Aufgaben

1 **Nenne Verursacher der Luftverschmutzung in China.**

2 **Die „Grüne Mauer“ ist ein wichtiges Aufforstungsgebiet. Erläutere diese Maßnahme.**

Die „Grüne Mauer“

Jedes Jahr zwischen Januar und März kommt der „gelbe Drachen“. So nennen die Chinesen die Saison der heftigen Sandstürme. Sie tragen aus der nördlich gelegenen mongolischen Wüste Sand und Staub bis nach Peking. Schon seit 1978 pflanzt China Schutzwälder am Rand der Wüste an, um die Sandstürme aufzuhalten.

Die „Grüne Mauer“ ist das vermutlich größte Aufforstungsprojekt der Welt. Der Name des Projektes leitet sich von der parallel verlaufenden Großen Mauer ab.
Ob die Bäume wirklich überall als Schutz geeignet sind, ist nicht klar. Beachtliche Wassermengen müssen dort, wo schon Wassermangel herrscht, aus dem Boden gepumpt werden, um die Jungpflanzen zu bewässern.

M2 Teil der „Grünen Mauer“

Gewusst – gekonnt

ALLES KLAR

1 Löse das Kreuzworträtsel zu China.

senkrecht
1 Grenzfluss zu Russland
2 Metropole im Süden
3 Staudammprojekt
4 „gelber“ Fluss
5 Wüste
6 Becken im Westen
7 Hochland im Westen
8 Hauptanbaukultur

waagerecht
9 Produkt von Raupen
10 Nachbarland im Norden
11 Bodenart
12 Wirtschaftsmetropole im Osten
13 längster Fluss Chinas
14 Maßnahme der Bevölkerungspolitik
15 Tiefland im Osten
16 Hauptstadt

Arbeitsheft

- China als altes Kulturland beschreiben,
- die wirtschaftliche Entwicklung des Landes und die Folgen analysieren,
- die Stellung Chinas in der Weltwirtschaft aufzeigen,
- ein Beispiel für Raumveränderungen multimedial präsentieren.

Aufstrebende Wirtschaftsmächte: Indien

Land der Gegensätze

Steckbrief Indien

Fläche: 3,28 Millionen km^2
Einwohner: 1,189 Milliarden (2010)
Hauptstadt: Neu-Delhi
Bevölkerungsdichte: 338 Einw./km^2
Sprachen: Hindi, Englisch, 17 Regionalsprachen
Währung: Rupie (iR) (1 Euro = 63 iR, Stand: 14.04.2011)

Die Republik Indien hat den größten Flächenanteil an Südasien. Das Land zählt zu den ältesten Kulturländern der Welt. Davon zeugen eine Vielzahl historischer Gebäude, Parks, Tempelanlagen und religiöse Kultstätten. Die abwechslungsreiche Landschaft und das traditionelle Leben hinterlassen bei Reisenden ein farbenfrohes Bild dieses Landes.

Indien, das Land mit über einer Milliarde Einwohnern und einer fast zehnfachen Größe Deutschlands, wird durch viele Gegensätze geprägt. Wenigen Superreichen steht ein Heer von Armen gegenüber.

Der Anteil des Mittelstandes in der indischen Gesellschaft ist noch relativ gering. Einerseits gibt es sehr gut ausgebildete Ingenieure und Wissenschaftler, andererseits sind rund 40 Prozent der Bevölkerung Analphabeten. Immer noch haben Millionen Kinder keinen Zugang zu Schulbildung.

In den Boomstädten wie Bangalore orientieren sich immer mehr junge Menschen am westlichen Lebensstil. Hier trifft man auf eine wachsende Mittelschicht.

Aufgaben

1. **Bestimme Indiens Lage im Gradnetz. Vergleiche Größe und Ausdehnung mit Deutschland (Atlas).**
2. **Sammle Materialien, die Indien als Land der Gegensätze kennzeichnen.**

„Heiliger Mann"

Palast in Rajastan

„Heilige Kuh" auf der Straße

„Holi" – Frühlingsfest in Indien, bei dem Farbpulver versprüht wird, was Glück bringen soll

M1 Vielfältiges Indien

Arbeit in Gruppen

So gehst du vor

1. **Planungsphase**
   Bildet Gruppen. Plant den Ablauf der Arbeit, vor allem: Vergabe der Aufgaben in der Gruppe (M2), Thema/Schwerpunkte, Arbeitsaufträge, Materialrecherche, vorgesehene Präsentation, Zeitabsprachen.
2. **Arbeitsphase**
   Arbeitet einzeln oder im Team an den gestellten Aufgaben oder an der vorgegebenen Fragestellung. Nutzt dazu Materialien aus verschiedenen Quellen.
3. **Sicherung der Arbeitsergebnisse**
   Tragt die einzelnen Ergebnisse in eurer Gruppe vor. Fasst sie zu einem Gesamtergebnis zusammen. Gestaltet eine Präsentation.
4. **Präsentation**
   Präsentiert eure Gruppenergebnisse den anderen Gruppen.
5. **Reflexion**
   Nehmt eine Bewertung der Arbeitsergebnisse vor. Überdenkt eure Arbeitsweise und zieht Schlussfolgerungen für spätere Gruppenarbeiten.

Info

Gruppenarbeit

Der Vorteil einer Gruppenarbeit besteht darin, dass alle Gruppenmitglieder Ideen zusammentragen und an der Lösung einer Fragestellung arbeiten. Aber eine Gruppenarbeit verläuft nur gut, wenn die Arbeit geplant wird und jeder seinen Teil zum Gelingen beiträgt.

Aufgabe

3 Analysiert das Land Indien in Gruppenarbeit. Nutzt dazu die Schrittfolge. Jede Gruppe bearbeitet zwei bis drei thematische Schwerpunkte.

ZEITWÄCHTER/IN
Deine Aufgabe besteht darin, darauf zu achten, dass
- Zeitabsprachen eingehalten werden,
- du rechtzeitig auf das vereinbarte Ende der Bearbeitungszeit hinweist.

SCHREIBER/IN
Deine Aufgabe besteht darin,
- nach Absprache im Team die Ergebnisse für die Präsentation zu notieren, z. B. auf Folie,
- noch notwendige Texte oder Überschriften zu schreiben, z. B. Plakat.

SPRECHER/IN
Deine Aufgabe besteht darin,
- die Diskussion in der Gruppe zu leiten,
- darauf zu achten, dass nicht alle durcheinanderreden,
- darauf zu achten, dass sich alle an der Arbeit und der Diskussion beteiligen,
- Ansprechpartner für eure Lehrerin oder euren Lehrer zu sein.

PROTOKOLLFÜHRER/IN
Deine Aufgabe besteht darin, zu notieren,
- wer welche Arbeitsaufträge im Team übernimmt,
- bis wann Arbeitsaufträge zu erledigen sind.

REDNER/IN
(eine oder mehrere Personen)
Deine Aufgabe besteht darin,
- bei der Präsentation die Arbeitsergebnisse eurer Gruppe vorzustellen.

M2 Auftragskarten für die Verteilung der Aufgaben im Team

M3 Gruppenarbeit

Ausgewählte Großlandschaften

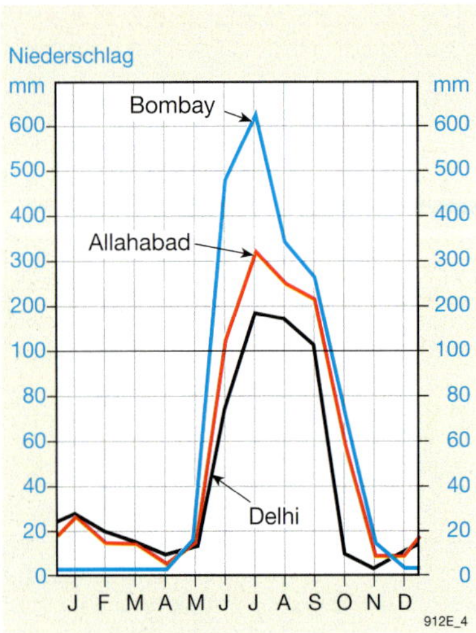

M1 Der Jahresgang des Niederschlages

Indien wird in drei Großlandschaften eingeteilt:

- die Mittelgebirgslandschaft des Dekkan,
- das Tiefland des Indus, Ganges und Brahmaputra,
- das Hochgebirge des Himalaya.

Der Dekkan ist eine alte Gebirgsscholle, die im Norden bis zur Gangesebene reicht. Zahlreiche Flüsse, die fast alle in den Golf von Bengalen münden, zerschneiden das Hochland. Die Westghats und Ostghats (ghats = Treppe) wölben den Dekkan schüsselförmig an den Rändern auf.

Die Westghats, die im Süden bis zu 2 700 Metern ansteigen, fallen steil zur Malabarküste ab. Die Ostghats sind niedriger. Ihnen ist ein breites, von verschiedenen Flüssen aufgeschüttetes Küstentiefland vorgelagert.

In der Gangesebene lagern der Ganges und Brahmaputra Sande und Kiese aus dem angrenzenden Hochgebirge ab. Auf diese Weise entstand eine ausgedehnte Aufschüttungsebene. Sie zählt zu den fruchtbarsten Gebieten des Landes, aber es ist in besonderem Maße von Überschwemmungen bedroht.

Der Himalaya grenzt unmittelbar an das Tiefland an. Er bildet nach Norden eine Barriere und gehört zum Faltengebirgsgürtel, der sich von den Alpen nach Asien erstreckt. Für die Einheimischen ist der Himalaya die „Wohnung der Götter".

www.helles-koepfchen.de
Suchbegriff: Indien

Aufgaben

1. **Fertige eine Profilskizze durch Indien an. Orientiere dich an M6.**
2. **Beschreibe die Merkmale der Landschaften in deiner Skizze.**
3. **Erläutere den Jahresgang des Niederschlags (M1). Nutze dazu auch die Seiten 14–15.**

Arbeitsheft

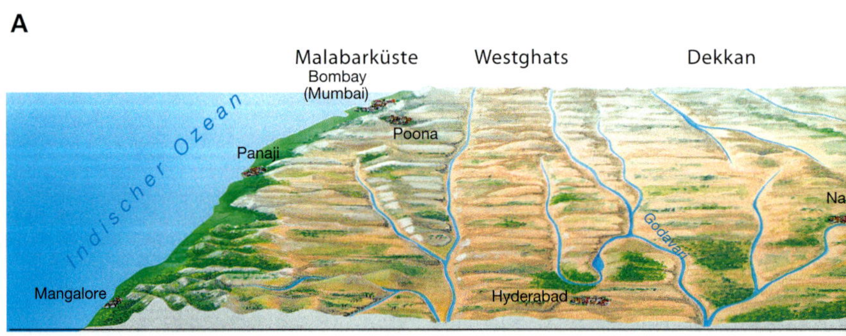

	Mangalore	Poona
Klimastation (m ü. M.)	Mangalore (22 m)	Poona (559 m)
Durchschnittstemperatur,	27,2 °C,	25 °C,
Jahresniederschlag	3410 mm	675 mm
Regenzeit	April – November	Juni – Oktober
Niederschläge während der Regenzeit	3293 mm	595 mm
Böden	fruchtbar	mittelmäßig
Landwirtschaft	Reis, Zuckerrohr, Kokospalme, Mango	Hirse, Hülsenfrüchte (z. B. Bohnen, Erbsen, Linsen)
Besiedlung in ländlichen Gebieten	dicht	dünn

M2 Landschaftsprofil durch Indien und Nepal

M3 Strand an der Küste von Mangalore

M4 In der Gangesebene

M5 Westghats

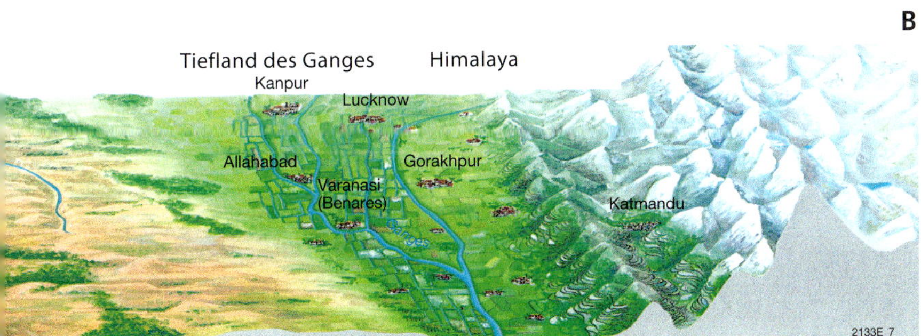

Nagpur (312 m)	Allahabad (98 m)	Katmandu (Nepal, 1337 m)
27,3 °C,	25,9 °C,	18,7 °C,
1256 mm	958 mm	1394 mm
Juni – September	Juni – September	Mai – September
1088 mm	914 mm	1187 mm
wenig fruchtbare Roterde	fruchtbare Schwemmlandböden, z. T. 3 Ernten im Jahr	mittelmäßig
Hirse, Weizen, Reis, Bewässerung	Reis, Bewässerung mit Flusswasser,	Reis u. a. Terrassenanbau, z. T. bewässert
dünn	sehr dünn	in den Tälern dicht

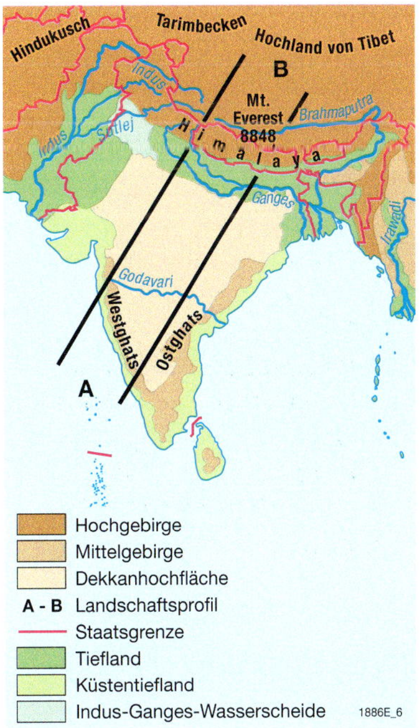

M6 Südasien – Oberflächengestalt

Kultur und Tradition

Der Hinduismus – mehr als eine Religion

Aufgaben

1 **Der Hinduismus ist mehr als eine Religion. Erläutere.**

2 **Beschreibe das Kastensystem in Indien heute. Vergleiche dabei Land und Stadt.**

3 **Berichte über die Bedeutung des Ganges für die Hindus (Internet).**

Die meisten Inder sind Hindus. Die Religionsbezeichnung Hinduismus ist jedoch von uns Europäern erfunden worden. Die Inder selbst nennen ihre Religion meist „ewige Ordnung". Mehr als staatliche Gesetze beinflusst der Hinduismus die Wirtschaft und das Leben der Menschen.

Im Hinduismus geht es nicht in erster Linie um Glaubenssätze, Dogmen oder Rechtgläubigkeit, sondern um das richtige Handeln, den richtigen Ritus, die Sitte – alles das, was gelebte Religiosität ausmacht. In den einzelnen Landesteilen bestehen sehr unterschiedliche Formen des hinduistischen Glaubens. Weltweit gibt es über 800 Millionen Hindus.

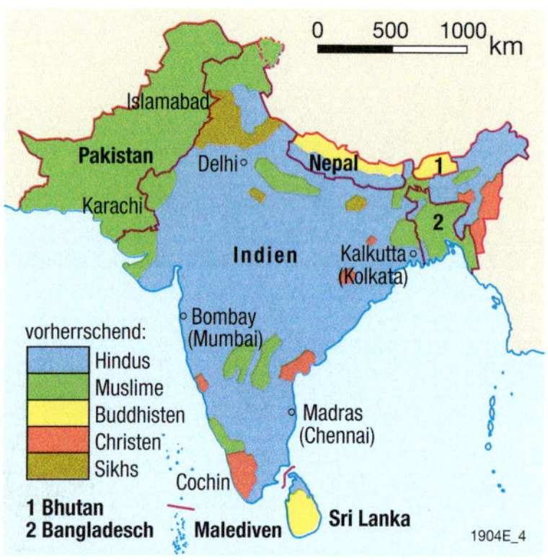

M1 Verbreitung des Hinduismus und anderer Religionen in Indien

Bauer Vinesh aus Gujarat

Vinesh, ein Bauer aus Gujarat, berichtet: *„Ich bin als Hindu geboren und glaube wie viele Inder, dass meine Seele nach dem Tod in einem anderen Menschen oder Wesen weiterlebt. Aus diesem Grund töten wir kein Tier und ernähren uns vegetarisch. Viele Hindus sehen in der Kuh die Mutter von Millionen von Menschen. Sie gilt als Lebensspenderin und als Symbol der Sanftheit. Die Rinder benutzen wir als Arbeitstiere und Milchlieferanten. Das populärste Getränk Indiens ist der Chai-Tee, eine Art Milchtee. Altersschwache Zeburinder und Kühe werden nicht getötet, sondern leben als heilige Tiere frei in unseren Städten und Dörfern.*

Vorbereitung eines Begräbnisses am Ganges

Varanasi – heilige Stadt am Ganges

In Varanasi (bezeichnet nach den hier in den Ganges mündenden Nebenflüssen Varana und Asi, früher von den Briten Benares genannt) herrscht buntes Treiben. Gläubige, Mönche, Bettler, Kranke, Astrologen baden im Ganges und glauben, dadurch von allen Sünden reingewaschen zu werden. Das Trinken des Wassers soll Reichtum, Erfolg, Gesundheit und Fruchtbarkeit garantieren und eine Familie rückwirkend über sieben Generationen reinigen. Kranke, Alte und Gebrechliche hoffen auf Heilung oder den Tod.

An den Ufern brennen Feuer: Menschen werden eingeäschert und ihre Asche in den Ganges gestreut – so soll eine Wiedergeburt möglich werden. Bei diesen Zeremonien kommt dem Sohn große Bedeutung zu, da nur er die Einäscherung vornehmen und bestimmte religiöse Feste zelebrieren darf.

Info

Merkmale des Kastenwesens

- Jeder Hindu wird in eine Kaste hineingeboren (M2).
- 15 Prozent der indischen Bevölkerung sind Dalits und Adivasie (wörtlich: „Ureinwohner"). Diese stehen außerhalb des Kastenwesens und wurden stark unterdrückt.
- Durch die Kaste werden Berufswahl, Wohnviertel, Schulbesuch, Lebensgewohnheiten, Partnerwahl und anderes bestimmt. Nur innerhalb der Kaste dürfen Kontakte gepflegt werden.
- Das Leben auf dem Dorf wird noch heute sehr stark vom Kastensystem geprägt. Im städtischen Leben verliert es aber an Bedeutung.
- Nach dem indischen Gesetz sind alle Menschen gleich.

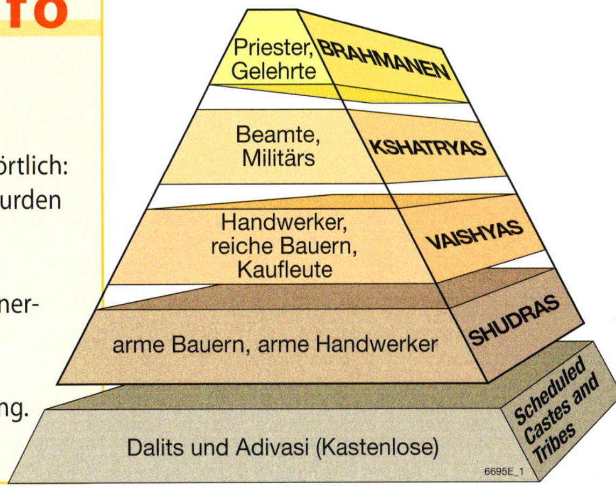

M2 Kastensystem (Hauptkasten)

Das Kastensystem heute

M3 Anguri mit einem ihrer Söhne

M4 Gauer in seinem Büro in Neu-Delhi

Ethik

Auf dem Land

Anguri ist 43 Jahre alt. Sie wohnt mit ihrem Mann und ihren vier Kindern in einem Teil außerhalb des Dorfes. Dort leben die kastenlosen Familien (Dalits). Die meisten Mitglieder der Familie arbeiten im Straßenbau oder als Toilettenreiniger. Doch Anguri konnte ihren Status verbessern. Sie ist heute als Hausangestellte bei besser verdienenden Familien tätig. Ihr größter Wunsch ist es, dass ihr ältester Sohn in der Stadt einen angesehenen Beruf ergreifen kann.

In der Stadt

Gauer, 28 Jahre alt, berichtet: *„Das Kastenwesen in der modernen städtischen Welt hat an Bedeutung verloren. Berührungs- und Abgrenzungsgebote lassen sich hier nicht einhalten, da in Büros und Fabriken Beschäftigte vieler verschiedener Kasten arbeiten. Die Industrialisierung machte viele kastenspezifische Berufe überflüssig. Entscheidend für den sozialen Status in der Stadt sind heute die Höhe des Einkommens, Besitz und Bildung. Die Kastenzugehörigkeit ist weniger wichtig."*

Aufstrebende Wirtschaftsmächte: Indien

M1 In einer öffentlichen Schule

M2 In einem privaten College

Info

Bildungssystem

Seit 1986 gibt es die sogenannte Zehn-Plus-Zwei-Struktur: zehn Jahre Schulausbildung bis zur Sekundarstufe und dann zwei Jahre Oberstufe.
Im Jahr 2005 wurde ein Gesetz zum Recht auf Bildung erlassen, das für Kinder zwischen 6 und 14 Jahren den kostenlosen Zugang zur Schulbildung regelt und eine 8-jährige Schulpflicht vorschreibt.

Aufgabe

1 **Alle Kinder in Indien haben ein Recht auf Bildung. Die Mehrheit jedoch erreicht keinen Schulabschluss. Erläutere.**

Schulbildung für alle?

Indien steht vor der Herausforderung, allen Kindern eine Schulbildung und später einen Arbeitsplatz zu bieten. Schon jetzt gehen von den 200 Millionen Kindern im Alter zwischen 6 und 14 Jahren nur 120 Millionen zur Schule; nur rund 7 Prozent erreichen die 10. Klasse. Das hat viele Ursachen. In den ländlichen Regionen sind viele Schulen schlecht ausgestattet. Es fehlen Bücher, Tafeln und häufig sogar Tische und Stühle.

Außerdem gibt es viel zu wenig ausgebildete Lehrkräfte. Auffällig ist auch die hohe Schulabbrecherquote der Mädchen. Sie werden schon frühzeitig für die Hausarbeit und die Betreuung der jüngeren Geschwister eingesetzt.

Indien verfolgt noch immer eine Bildungspolitik für Wohlhabende. Chancen hat neben der Elite nur die Mittelklasse, die schon immer enormen Wert auf Bildung gelegt hat. In den Städten verlassen gut ausgebildete und hoch motivierte junge Menschen die gut ausgestatteten Privatschulen. Viele von ihnen sind Angehörige der höheren Kasten.

Um ihren Kindern eine bessere Zukunft zu garantieren, verschulden sich viele Eltern, damit sie die Studiengebühren bezahlen können. Seit ein paar Jahren bekommen begabte Schüler einen „free seat".

Außerdem gibt es ein Programm zur Förderung der „Scheduled Castes and Tribes" (vgl. S. 59 M2). Danach werden 15 Prozent der Studienplätz an staatlichen Einrichtungen für diese noch immer benachteiligte Bevölkerungsgruppe reserviert.

Kinderarbeit – weit verbreitet

Obwohl in Indien Kinderarbeit verboten ist, ist sie dennoch weit verbreitet. Ganze Industriezweige haben sich darauf eingestellt. Nach Einschätzung indischer Entwicklungsorganisationen gibt es in Indien über 60 Millionen Kinder, die bis zu zwölf Stunden am Tag arbeiten müssen. Die meisten von ihnen gibt es in der Landwirtschaft. Andere arbeiten in Privathaushalten oder im Bergbau.

Jupulli ist 13 Jahre alt. Er arbeitet in einem Betrieb, der Maschinenteile herstellt. Sein Vater hatte sich für die Hochzeit seiner Schwester 100 000 Rupien vom Fabrikbesitzer geliehen. Seitdem arbeitet Jupulli von morgens 5 Uhr bis abends 7 Uhr. Sein Wochenlohn von 50 Rupien dient nun mit dazu, diese Schuld zu begleichen.

RUGMARK®

Das Zeichen bedeutet:
- keine Beschäftigung von Kindern unter 14 Jahren
- Zahlung des gesetzlichen Mindestlohns
- Unterstützung der Finanzierung von Schulen, Lehrerinnen und Lehrern

Pandisvari beim Herstellen von Streichhölzern

Pandisvari ist elf Jahre alt. Sie ist ein „Streichholzkind". Den ganzen Tag sitzt sie in einem halbdunklen Raum auf dem Steinfußboden. Im Akkord (52 Stück in 10 Sekunden) verteilt sie kleine Hölzer auf Rillen eines Rahmens. Am Tag erhält sie 15 Rupien Lohn. Damit unterstützt sie ihre Eltern, die nur geringe Einkünfte haben. Pandisvari kann nur unregelmäßig zur Schule gehen.

M3 Kinder in Varanasi bei der Reinigung von Maschinenteilen

www.planet-wissen.de
Suchbegriff: Kinderarbeit in Indien

Aufgaben

2 **Nenne Ursachen für Kinderarbeit in Indien.**
3 **Erläutere die Bedeutung des RUGMARK-Zeichens.**

Die Wirtschaft im Überblick

Exportprodukte	
18 %	Erdöl- und Erdölprodukte
12 %	Textilien und Bekleidung
11 %	chemische Erzeugnisse
9 %	Nahrungsmittel
7 %	Rohstoffe
6 %	Eisen und Stahl

Exportländer	
12 %	USA
11 %	Vereinigte Arabische Emirate
9 %	VR China
5 %	Singapur
4 %	Großbritannien

M1 Export Indiens (2008)

VR China	3 050,5
USA	973,2
Indien	557,6
Russland	298,1
Indonesien	252,5
Südafrika	250,0
Deutschland	183,7
Welt gesamt	*6 940,6*

M2 Förderung von Braun- und Steinkohle (in Millionen Tonnen, 2009)

Aufgaben

1 Gib einen Überblick über die Wirtschaft Indiens. Denke dabei an:
– Anteil der Wirtschaftsbereiche
– Zukunftsindustrien
– Wirtschaftszentren
– Stellung in der Weltwirtschaft
Nutze dazu den Text, M1 – M5 und S. 27, M2).

2 Stelle Vermutungen an, weshalb Indien als aufstrebende Wirtschaftsmacht bezeichnet wird.

Arbeitsheft

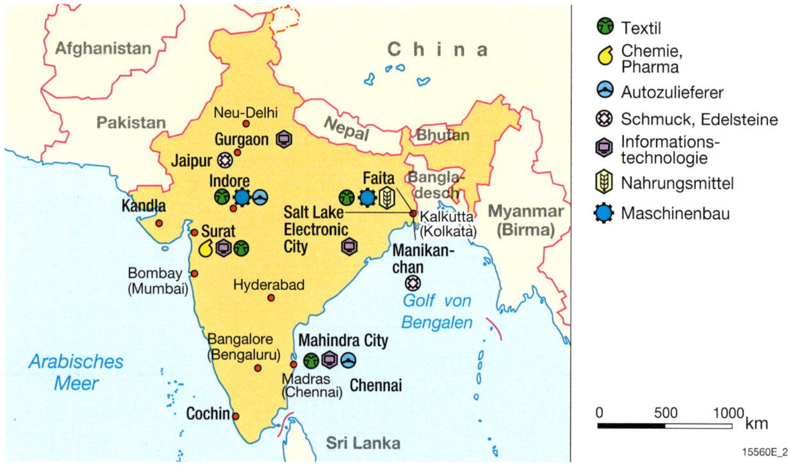

M3 Indiens Sonderwirtschaftszonen

Indien wird als ein Land angesehen, das in absehbarer Zeit ebenso wie China ein Wirtschaftsgigant des 21. Jahrhunderts sein wird. Sein Rückstand zu China ist in vielen Bereichen jedoch noch groß. Das wird zum Beispiel in den prozentualen Anteilen an den einzelnen Wirtschaftsbereichen deutlich (vgl. S. 27).
Zwei Drittel der Bevölkerung Indiens leben im ländlichen Raum. Die Landwirtschaft ist immer noch das Rückgrat der Wirtschaft. Im Gegensatz dazu ist Indien aber auch ein Land mit Zukunftsindustrien. Dazu gehören die Luft- und Raumfahrtindustrie, die Biotechnologie und vor allem die Computerindustrie.

Aufgrund der boomenden IT-Branche wird Indien schon jetzt als eine „globale Denkfabrik" bezeichnet (vgl. S. 64).

Die Wirtschaftsmetropolen des Landes sind die großen Städte mit ihrem Umland wie die Hauptstadt Neu-Delhi, Bombay, Madras oder Kalkutta.
Schon 1965 hatte die indische Regierung sogenannte Exportproduktionszonen, vor allem für die arbeitsintensive Textilindustrie, eingerichtet.

Nach 1990 übernahm Indien das Modell der Sonderwirtschaftszonen Chinas. Heute existieren mehr als 500 dieser Zonen im Land.

VR China	263,7
Australien	214,9
Brasilien	213,9
Indien	146,4
Russland	54,9
Welt gesamt	1 121,2

M4 Förderung von Eisenerz (in Mio. t, 2008)

USA	19,5 %
China	19,5 %
Russland	8,5 %
Japan	4,2 %
Indien	4,2 %
Kanada	2,9 %
Deutschland	2,6 %

M5 Weltenergieverbraucher (2009)

Bombay als Industrie- und Verkehrszentrum des Landes

Bombay (Mumbai) ist die größte Stadt Indiens. Sie gilt als die europäischste der indischen Städte. In den letzten zehn Jahren entwickelte sie sich zum wichtigsten Wirtschafts- und Finanzzentrum des Landes. Die älteste Börse und die wichtigsten Banken des Landes haben hier ebenso ihren Sitz, wie auch international auftretende Industrieunternehmen Indiens.
In Bombay stehen 15 Prozent aller indischen Industrieanlagen und 45 Prozent aller Textilfabriken. Auch Standorte der indischen Motorrad- und Autoproduktion befindet sich in der weiteren Umgebung der Stadt.

Über die Verkehrsdrehscheibe Bombay werden 50 Prozent des gesamten Außenhandels abgewickelt. Nahezu die Hälfte der Bevölkerung der Stadt ist jünger als 30 Jahre. Somit stehen der Wirtschaft auch in Zukunft genügend Arbeitskräfte zur Verfügung.
Dies zieht viele ausländische Firmen an, die für die zunehmend kaufkräftige Bevölkerung des Landes produzieren. Gleichzeitig sparen sie 40 bis 60 Prozent der in Europa anfallenden Kosten. Internationale Unternehmen wie Siemens (M6) haben Fabriken oder Niederlassungen in Bombay gegründet.

M6 Siemens in Bombay

M7 Hafen in Bombay

Aufgabe

3 **Beschreibe Bombay als bedeutendes Industrie- und Verkehrszentrum Indiens.**

M8 Bombay, Gebäude der Börse

Aufstrebende Wirtschaftsmächte: Indien

M1 Eine Alltagsszene

Eng

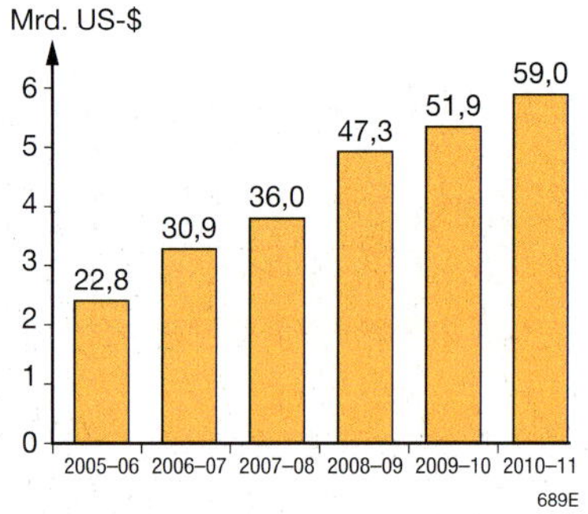

M2 Anstieg der indischen Software-Exporte

Software für den Weltmarkt

Ob Microsoft, Hewlett Packard oder SAP – nahezu jede größere internationale Computer- bzw. Softwarefirma hat heute in Indien eine Niederlassung.

Seit Anfang der 1990er-Jahre verlagern immer mehr US-amerikanische und europäische Firmen ihre Forschungs- und Entwicklungsabteilungen nach Indien, um dort neue Software programmieren zu lassen. Aber auch indische Softwareunternehmen drängen mit ihren Produkten auf den Weltmarkt. Genügend gut ausgebildete Absolventen für die in den Software Technology Parks angesiedelten Firmen stehen bereit. Bedingt durch die britische Kolonialzeit zählt Englisch noch heute in Indien zu den Amtssprachen. Das ermöglicht eine unkomplizierte internationale Kommunikation der global vernetzten Unternehmen.

Auch das niedrige Lohnniveau in Indien ist ein wesentlicher Vorteil. Bei gleicher Leistung können die Firmen in Indien erheblich kostengünstiger produzieren lassen als in den USA oder Europa.

Aufgaben

1 **Erläutere die in M1 dargestellte Szene.**

2 **Nenne zwei Standortvorteile für auf Kommunikation bezogene Dienstleistungen.**

Dienstleistungen quer über den Erdball

Firmen aus der ganzen Welt verlagern auf Kommunikation bezogene Dienstleistungen nach Indien. Immer häufiger werden Auskünfte, telefonische Reservierungen oder Bestellungen im englischen Sprachraum von Callcentern in Indien ausgeführt. Möglich geworden ist die schnelle, zuverlässige und kostengünstige Übermittlung von Informationen durch das Internet. Sollte es zu einem Anstieg des Lohnniveaus in Indien kommen, wäre eine Verlagerung der Dienstleistungen in andere Länder nicht ausgeschlossen.

Softwareschmiede Bangalore

Indien erlebte in den letzten Jahrzehnten eine rasante Modernisierung seiner Wirtschaft. An 250 Universitäten und über 13 000 weiteren Forschungseinrichtungen werden jährlich über zwei Millionen Studenten ausgebildet, davon 300 000 Ingenieure und 150 000 IT-Experten. Die Stadt Bangalore ist einer der wachstumsstärksten Informationstechnologie-(IT)-Standorte der Welt und der größte in Indien.

Deshalb haben sich hier erfolgreiche IT-Unternehmen niedergelassen. Diese Firmen bieten Software für Unternehmen weltweit an. Auch deutsche IT-Experten arbeiten hier. Die IT-Branche bildet eine eigene Welt. Sie besteht aus klimatisierten Bürohochhäusern aus Glas und Stahl, die neben den Slums der Armen aus dem Boden gestampft wurden.

Bangalore steht für das moderne Indien mit all seinen Problemen. Die Einwohnerzahl hat sich zwischen 1971 und 2010 von 1,6 Millionen auf etwa sieben Millionen erhöht.

M3 Softwarezentren in Indien (2010)

Komplex des Software-Unternehmens Infosys

Hightech-Standort Bangalore

- In Bangalore befinden sich über 1 900 IT-Unternehmen. Dies ist fast ein Drittel aller IT-Unternehmen in Indien. Ständig kommen neue hinzu. Die Mehrheit bilden kleine Unternehmen.
- Allein in der „Electronic City" befinden sich mehr als 100 IT- und Elektronik-Unternehmen, die mehr als 30 000 Personen beschäftigen.
- In Bangalore arbeiten fast 250 000 IT-Experten, ein Drittel aller IT-Experten Indiens.
- Am Standort gibt es gut qualifizierte Mitarbeiter und es kann hier mit vergleichsweise geringen Kosten produziert werden.
- Wegen dieser günstigen Standortfaktoren lagern multinationale Konzerne die Entwicklung von Software an indische Firmen nach Bangalore aus (Outsourcing). Andere gründen Niederlassungen in Bangalore für die Entwicklung von Software für die eigene Firmengruppe (Offshoring).

M4 Elendssiedlung vor einem Glaspalast in Bangalore

Aufgabe

3 Nenne Standortfaktoren, die den Aufstieg Bangalores zum Zentrum der Computerindustrie förderten.

Land der Dörfer

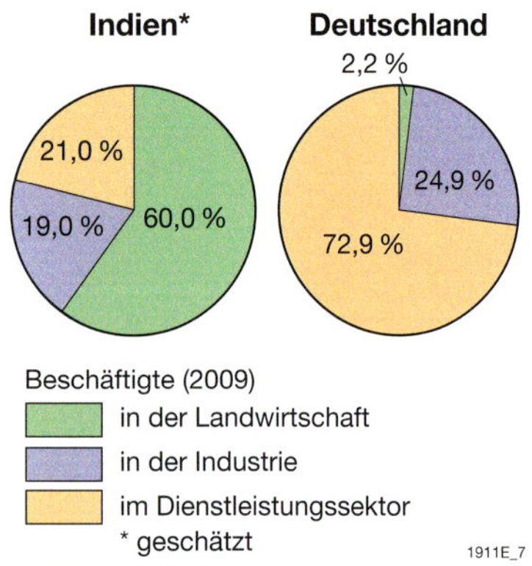

M1 Beschäftigungsstruktur

Auch heute leben in Indien noch 72 Prozent der Menschen in den Dörfern (M1). Manche Gemeinden sind nicht einmal an das Straßennetz und die Strom- und Wasserversorgung angeschlossen.
Die Kleinbauern dieser Dörfer produzieren weitgehend für die Eigenversorgung der Großfamilie. Für den Verkauf von Nahrungsmitteln auf dem Markt bleiben kaum Überschüsse.

Neun von zehn Landarbeiterfamilien leben unterhalb der Armutsgrenze.
Viele Bauern mussten sich hoch verschulden, damit sie teures Saatgut und Geräte kaufen konnten. Einige befinden sich in einer ausweglosen Situation und begehen Selbstmord.

Aufgaben

1 **Vergleiche die Beschäftigungsstruktur von Indien und Deutschland (M1).**

2 **Warum wird Indien heute noch als Land der Dörfer bezeichnet? Berichte über das Leben und Wirtschaften der Bauern.**

Ernährungsprobleme – Ursachen

- verstärkter Anbau von Exportkulturen (Weizen, Reis, Tee, Bananen)
- Vernachlässigung der Produktion von Hülsenfrüchten, der Haupteiweißquelle der Masse der Bevölkerung (Verzehr von tierischem Eiweiß ist auch aus Glaubensgründen bei den Hindus nur sehr gering)
- viele Großgrundbesitzer verkaufen Ernten ins Ausland wegen höherer Preise auf dem Weltmarkt
- schwankende Ernteerträge durch den Einfluss des Monsuns und zu geringe Bewässerungsflächen, um Dürreverluste zu vermeiden
- große Anzahl landloser Arbeiter, die nur zur Erntezeit Arbeit finden

M2 Auf lokalen Märkten versorgen sich 95 Prozent der Inder mit Lebensmitteln.

M3 Ihre Söhne begingen aufgrund hoher Schulden Selbstmord.

M4 Bodennutzung Indiens

Info

Ernährungsgewohnheiten

Die Ernährung in Indien ist überwiegend vegetarisch. Besonders Hindus verzichten aus religiösen Gründen weitestgehend auf den Konsum von Fleisch. Rindfleisch ist für einen Großteil der Hindus tabu, Schweinefleisch hingegen für Muslime. Hinzu kommt, dass sich viele Inder kein Fleisch leisten können. Hauptnahrungsmittel sind Hülsenfrüchte, Reis und Milchprodukte. Charakteristisch ist auch der Einsatz exotischer Gewürze (z. B. Kurkuma, Kardamom, schwarzer Senf).

Heute müsste in Indien niemand mehr hungern

Reporter: *Welche Rolle spielt der Reis für Indien?*

- Reis spielt als Nahrungsmittel seit 5000 Jahren die wichtigste Rolle. Aber auch Weizen und Hirse gewinnen an Bedeutung. So wird Reis auf 42 Millionen Hektar – die landwirtschaftliche Nutzfläche in Indien beträgt 140 Millionen Hektar angebaut, aber Weizen immerhin auf 25 und Hirse auf 22 Millionen Hektar. Indien ist also kein reines Reisland.

Reporter: *Noch haben nicht alle Inder genügend zu essen. Wie kommt es trotzdem zu den Reisexporten?*

- Heute müsste in Indien niemand mehr hungern. Dort, wo dies der Fall ist, liegt es an der fehlenden Kaufkraft der Menschen, die keine Arbeit haben. Immerhin leben in Indien 40 Prozent der Menschen unterhalb der Armutsgrenze. Viele von ihnen erhalten vom Staat verbilligte Nahrungsmittel-Tagesrationen. Weil wir höhere Reiserträge erzielen, entstehen Überschüsse, die im eigenen Land nicht abgesetzt werden können.

Reporter: *Wie hat sich der Reisanbau in den letzten Jahrzehnten verändert?*

- Reis wird vor allem in Ost- und Südindien angebaut. Im Reisanbau ist die Entwicklung hin zu den ertragreichen Pflanzen allmählich vor sich gegangen. In den letzten 20 Jahren ist der Gesamtertrag um mindestens die Hälfte gestiegen, obwohl die Anbaufläche zeitgleich nur um etwa fünf Prozent anwuchs.

M5 Interview mit einem Landwirtschaftsexperten

Getreideart	China	Indien
Reis	193,4 (1)	148,3 (2)
Mais	166,0 (2)	19,3 (6)
Weizen	112,5 (1)	78,6 (2)

(nach Fischer WA 2011)

M6 Getreideanbau 2008, in Millionen Tonnen (Weltrang)

Aufgaben

3 **Werte M4 aus.**

4 **Große Mengen Nahrungsmittel werden exportiert, obwohl noch Millionen von Menschen in Indien hungern (M5). Erläutere.**

Arbeitsheft

Verstädterung

Indien	1960	2007
Stadtbevölkerung	22 %	29 %
Landbevölkerung	78 %	71 %
Einwohner (in Mio.) im Ballungsraum	**1960**	**2007**
Delhi	2,8	15,0
Bombay	4,8	18,2
Bangalore	1,4	4,3
Kalkutta	4,7	14,3
Hyderabad	1,3	3,4

M1 Verstädterung in Indien

Etwa zwei Drittel der indischen Bevölkerung wohnen auf dem Land. Täglich verlassen jedoch Tausende ihre Dörfer und wandern in die Großstädte ab.

Sie hoffen hier auf Arbeitsplätze, günstigere Ausbildungschancen für ihre Kinder, bessere medizinische Versorgung und ein umfangreiches Warenangebot. Beeinflusst durch die Medien träumen viele der Zuwanderer von einem glücklicheren Leben.

Die Einwohnerzahl der Millionenstädte wie Bombay, Delhi, Hyderabad und Bangalore ist in den letzten zehn Jahren um die Hälfte gewachsen. Die Zunahme der Stadtbevölkerung gegenüber der Landbevölkerung wird als Verstädterung bezeichnet.
In den Städten sind Vielfalt und Gegensätze sichtbar. Wolkenkratzern, modernen Geschäftsvierteln und mehrspurigen Straßen stehen einfachste Hütten aus Strohmatten und zahlreiche Bettler am Straßenrand gegenüber.

Bombay – zwei Welten der Megacity

Das eine Gesicht Bombays ist das der gut verdienenden Mittel- und Oberschicht. Für sie gibt es 250 Diätkliniken und Wellnesstempel zur Entspannung. Gated Communities, also bewachte Wohnviertel, sind mit allem Komfort ausgestattet. In den umzäunten Wohnvierteln gibt es Freizeitanlagen für die Bewohner und häufig sogar Kindergärten und Grundschulen. Die Geschäftsviertel mit Hochhäusern und Shopping-Malls sind ähnlich wie in Europa und Nordamerika gestaltet.

Das andere Gesicht der Stadt sind die Slums. Sie liegen an Bahndämmen, in Überschwemmungsgebieten oder in der Nähe von Müllhalden. Wasseranschluss und Kanalisation gibt es in den Slums nicht, Stromleitungen werden illegal angezapft.
Der größte Slum mit ca. 900 000 Menschen ist Dharavi.
Er soll in absehbarer Zeit abgerissen werden, um Platz für Neubauviertel zu schaffen. Wohin sollen dann die Bewohner?

In einer Gated Community in Bombay

In Dharavi

Kalkutta – Zuwanderung verändert die Stadt

Kalkutta ist Hauptstadt des Bundesstaates Westbengalen. Sie ist die viertgrößte Stadt Indiens mit wichtigen Industrien wie Elektronik, Papier- und Nahrungsmittelindustrie, Schiff- und Maschinenbau.
In den letzten Jahren siedelten sich neue Betriebe der Hightech-Industrie an. Neben den Bauten aus kolonialer Zeit findet man im Zentrum der Stadt auch viele moderne Bürogebäude.

Im Ballungsraum Kalkutta leben zurzeit mehr als 14 Millionen Menschen. Durch Landflucht kommen immer mehr Menschen in die Stadt.
Die Land-Stadt-Wanderung verläuft immer nach dem gleichen Schema. Der Familienvater geht zunächst allein in die Stadt. Dort sucht er nach einer Unterkunft und nach Arbeit. Hat er beides gefunden, holt er seine gesamte Familie nach. Häufig folgen die Nachbarn und weitere Dorfbewohner. Viele Zuwanderer finden nur eine Unterkunft in einem Slum und eine schlecht bezahlte Arbeit als Tagelöhner. Dennoch wird dieses neue Leben als Aufstieg empfunden.

M2 Angehörige der Oberschicht beim Polospiel

M3 Leben auf der Straße unter Planen

M4 Straßenhändler in Kalkutta

www.wissen.de
Suchbegriff: Verstädterung

www.planet-wissen.de
Suchbegriff: Kalkutta

Aufgaben

1. **Städte sind für die Menschen wie Magnete. Erkläre am Beispiel Indiens.**
2. **Beschreibe die „zwei Welten" von Metropolen am Beispiel von Bombay.**
   Arbeitsheft

METHODE

Arbeit mit kartographischen Skizzen

Aufgaben

1 **Überprüfe, inwieweit die genannten Anforderungen an eine kartographische Skizze für M1 zutreffen.**

2 **Fertige eine Kartenskizze zur Wirtschaft Indiens an. Orientiere dich dabei an den Anforderungen an eine kartographische Skizze.**

Arbeitsheft

Anforderungen an eine kartographische Skizze

- Die Skizze hat eine Überschrift, die das Thema der Karte benennt.
- Das dargestellte Gebiet ist mit wenigen und klaren Linien umrissen.
- Die Inhalte der Kartenskizze sind gegenüber einer Atlaskarte stark generalisiert und reduziert.
- Eine Kartenskizze ermöglicht eine räumliche Orientierung, d. h. es sind nur die nötigsten topographischen Begriffe (z. B. Meere, Flüsse, Länderumrisse, Städte) zur Lagebestimmung des Kartenausschnittes eingetragen.
- Eine Kartenskizze hat eine Legende, die Farben, Schraffuren und verwendete Symbole erklärt.
- Topographische Begriffe werden in der Karte mit Buchstaben und Ziffern bezeichnet, die in der Legende erklärt werden.
- Flächenhafte Ausdehnungen und Landschaften (Tiefland) sind umkreist, linienhafte Objekte (z. B. Gebirgskamm) werden mithilfe eines Striches gekennzeichnet. Der Punkt verdeutlicht die Lage von Städten.

Info

Kartenskizzen

Kartenskizzen sind vereinfachte Darstellungen von geographischen Räumen. Zur räumlichen Orientierung werden die geographische Lage von Orten, Regionen sowie nur die für die Thematik wichtigen graphischen Elemente in die Kartenskizze eingetragen. Es können topographische, physische und thematische Kartenskizzen unterschieden werden. Mithilfe einer Kartenskizze können Größe und Lage von ausgewählten Objekten zueinander in Beziehung gesetzt werden.

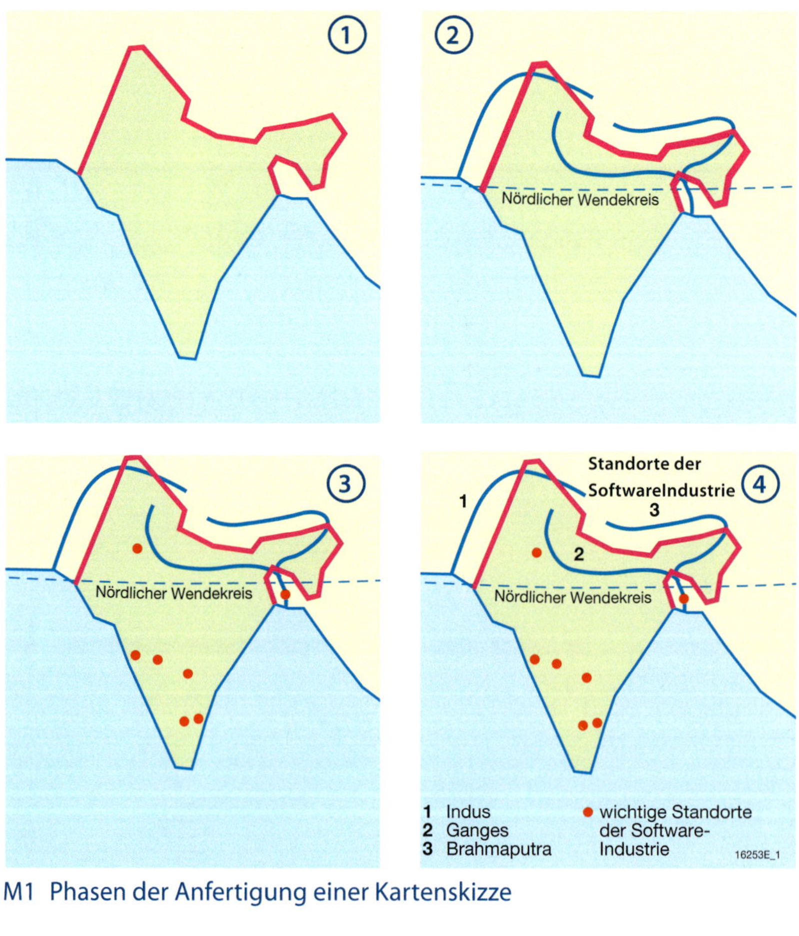

M1 Phasen der Anfertigung einer Kartenskizze

Gewusst – gekonnt

ALLES KLAR

1 Großlandschaften

Ordne den drei Fotos indische Großlandschaften zu: Gangesdelta, Himalaya, Hochland von Dekkan.

2 Löse das Indienrätsel.

1 bedeutender indischer Politiker
2 Grabmal in Agra
3 Hauptstadt Indiens
4 Nachbarland Indiens
5 Priesterkaste
6 Stand, in den ein Hindu hinein geboren wird

Arbeitsheft

3 Kartenskizzen-Rätsel

Kreuze an, was auf der Skizze dargestellt ist.

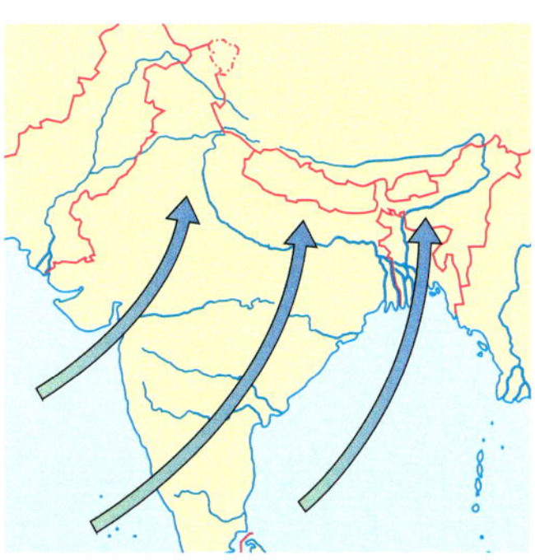

- ☐ Wintermorgen
- ☐ Sommermonsun
- ☐ Wirbelsturm

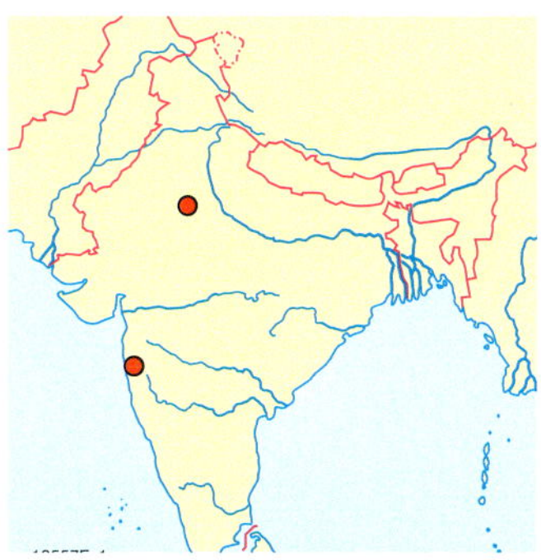

- ☐ Jaipur und Patna
- ☐ Kalkutta und Madras
- ☐ Neu-Delhi und Bombay

- Indien als Land der Gegensätze analysieren, dabei Profil- und Kartenskizzen anfertigen,
- Natur- und Kulturmerkmale des Landes beschreiben,
- Indien als Land mit Zukunftstechnologien beschreiben,
- Ursachen und Folgen der Verstädterung aufzeigen.

Du kannst dabei folgenden Fachbegriff anwenden:
Verstädterung

Eingriffe in Räume

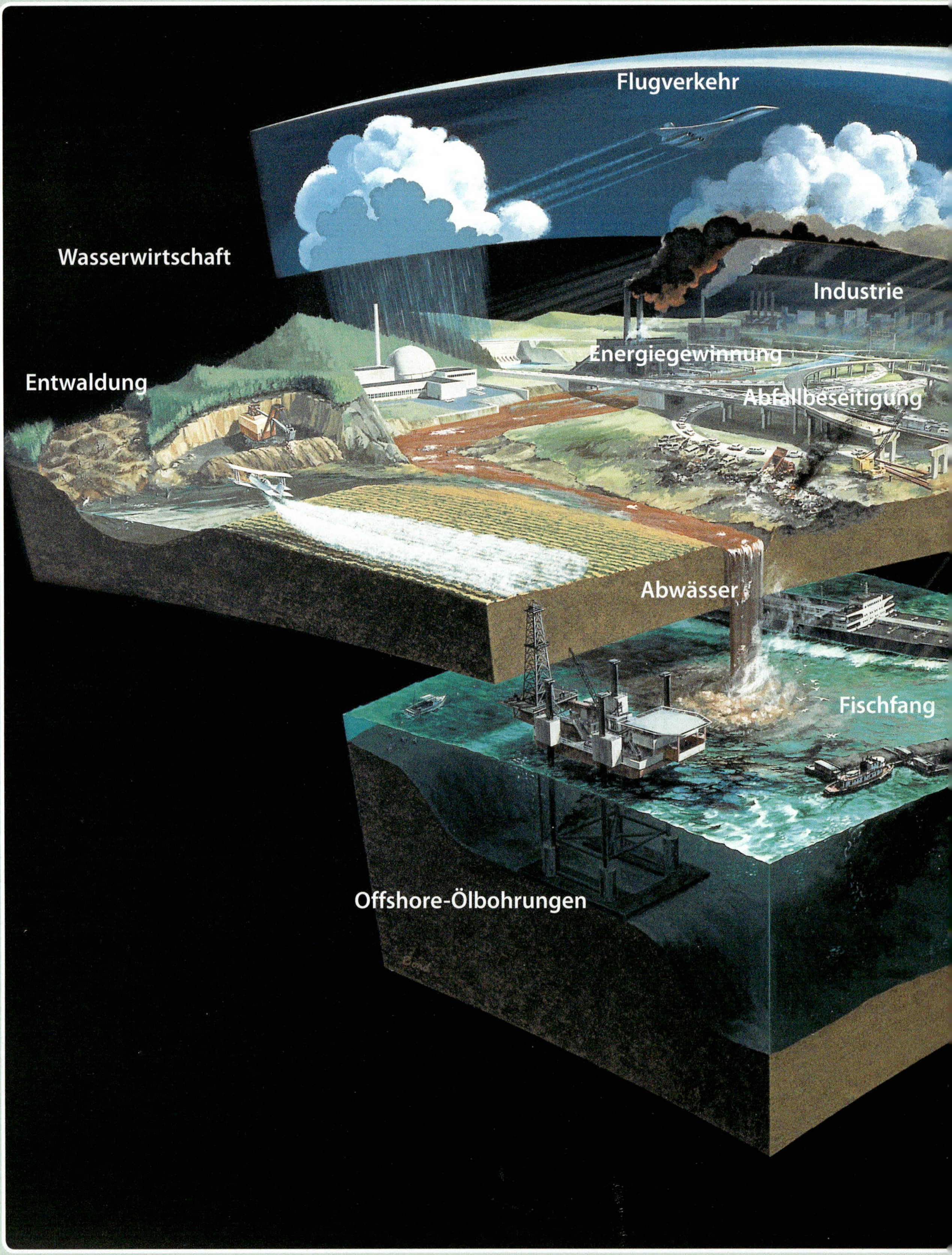

- die vielfältige Nutzung der Erde beschreiben,
- das Ziel der Nachhaltigkeit erklären und im Internet recherchieren,
- deinen eigenen Verbrauch an Ressourcen analysieren,
- überprüfen, ob bei der Planung und Umsetzung von Großprojekten nachhaltig gearbeitet wurde.

M1 System Erde

Vielfältige Nutzung der Erde

M1 Wir müssen unsere Erde schützen.

Aufgabe

1 **Erläutere die vielfältige Nutzung der Erde. Werte dazu Foto 1 bis 7 und auch die Abbildung auf S. 72/73 aus.**

Auf der Erde leben sieben Milliarden Menschen (2011). Jedes Jahr kommen rund 80 Millionen dazu. Wir Erdbewohner nutzen unseren Planeten auf vielfältige Weise, um unsere Grundbedürfnisse zu befriedigen.
Rund die Hälfte der Weltbevölkerung lebt gegenwärtig in Städten, 2050 werden es rund 70 Prozent sein.

Die Erde verfügt insgesamt über eine Fläche von 510 Millionen km², 29 Prozent davon sind Festland. Diese Landfläche wird immer stärker genutzt. Mittlerweile sind 78 Prozent durch den Menschen beeinflusst. So hat sich zum Beispiel seit 1750 die landwirtschaftliche Nutzfläche mehr als verfünffacht.
18 Prozent der globalen Anbaufläche werden bewässert. Die meisten Bewässerungsflächen liegen in Ost- und Südasien und haben eine große Bedeutung für die Welternährung. Sie liefern 40 Prozent aller Nahrungsmittel. Den Hauptanteil landwirtschaftlich genutzter Flächen bilden Böden mit geringerer Fruchtbarkeit. Diese werden durch 65 Prozent der ländlichen Bevölkerung in Entwicklungsländern bewirtschaftet.

Ein Viertel der globalen Landfläche ist von Verwüstung und Erosion bedroht. Jährlich werden fünf bis sieben Millionen Hektar Acker- und Weideland verweht, weggeschwemmt oder ausgelaugt. Die großen Wasserflächen der Erde sind ebenfalls durch eine vielfältige Nutzung gefährdet.

2

Bergbauliche Nutzung: Eisenerzabbau/Brasilien

1

Nutzung für Siedlungen: Lagos/Nigeria

Nutzung für Landwirtschaft:
Great Plains/USA

Nutzung für Industrie:
Bratsk/Russland

Nutzung Weltmeer:
Verkehrsraum/Containerschiff

Nutzung für Tourismus:
Benidorm/Spanien

Nutzung für Verkehr:
Shanghai/China

Aufgaben

2 **Beschreibe Nutzungen in deinem Heimatkreis.**

3 **Belege an Beispielen negative Folgen der Nutzung der Erde durch die Menschen.**

Arbeitsheft

Leitbild der Nachhaltigkeit

Aufgaben

1 Erläutere den Begriff Nachhaltigkeit. Nutze dazu die Info.

2 Schätze ein, inwieweit die in M2 formulierten Ziele erreicht wurden. Nutze dazu deine bisherigen Kenntnisse aus dem Geographieunterricht.

3 Beschreibe am Beispiel des Drei-Schluchten-Projektes (S. 48/49), dass alle drei Teile des Leitbildes der Nachhaltigkeit zusammenwirken müssen.

Arbeitsheft

In Rio de Janeiro fand 1992 eine bedeutsame UNO-Konferenz statt: die Weltkonferenz für Umwelt und Entwicklung. Dort beschlossen 179 Staaten ein Handlungsprogramm, das den Kurs der Entwicklung der Erde ändern sollte.

Auslöser war die Erkenntnis, dass es in einer Welt voller Armut und Umweltschäden keine gesunde Gesellschaft oder Wirtschaft geben kann.

Als Ziel wurde das Leitbild der nachhaltigen Entwicklung formuliert. Ein ökologisches Gleichgewicht kann nur dann erreicht werden, wenn gleichzeitig ökonomische Sicherheit und soziale Gerechtigkeit herrschen (vgl. Info-Kasten).

Dies kann keine Nation für sich allein verwirklichen. Vielmehr ist dafür eine weltweite Partnerschaft über einen langen Zeitraum erforderlich.

M1 UNO-Konferenz in Rio de Janeiro 1992

Entwicklungsziele bis 2015

Im Jahr 2000 verabschiedeten die Mitgliedsstaaten der UNO gemeinsame Entwicklungsziele für das neue Jahrtausend:

1. Hunger und extreme Armut beseitigen,
2. Grundschulbildung für alle Kinder,
3. Gleichbehandlung von Mann und Frau,
4. Kindersterblichkeit senken,
5. Gesundheit von Müttern verbessern,
6. HIV/Aids, Malaria u. a. Krankheiten bekämpfen,
7. nachhaltigen Umgang mit der Umwelt sichern,
8. eine weltweite Entwicklungspartnerschaft aufbauen.

Es wurde vereinbart, dass diese Ziele bis 2015 erreicht werden sollen.

(nach: Deutsche Stiftung Weltbevölkerung 2010)

M2 UNO-Entwicklungsziele

Info

Nachhaltigkeit

Der Begriff der Nachhaltigkeit stammt ursprünglich aus der Forstwirtschaft. Er wurde um 1700 vom Oberberghauptmann Carl von Carlowitz in Freiberg/Sachsen erdacht. Er wollte absichern, dass für den Silberbergbau ausreichende Holzmengen bereitgestellt werden. Es sollte immer nur so viel Holz geschlagen werden, wie durch Wiederaufforstung nachwachsen kann. Dieses Prinzip wurde zur Leitlinie allen Wirtschaftens.

Im Internet recherchieren

METHODE

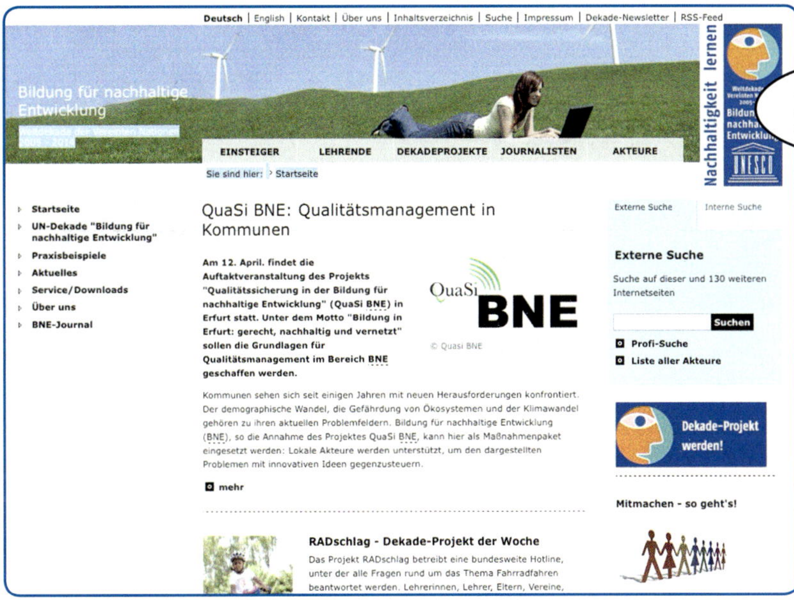

M3 Computerbildschirm von www.bne-portal.de

Suchmaschinen im Internet (Auswahl)
www.google.de
www.blinde-kuh.de
www.web.de

Geographieunterricht und das World Wide Web

Mit einem Mausklick kannst du weltweit aktuelle Informationen abrufen. Da wir im Geographieunterricht zahlreiche Länder und Regionen behandeln, die wir zumeist nicht vor Ort erkunden können, bietet uns das Internet neben dem Geographiebuch viele Möglichkeiten der Informationsbeschaffung.

Du findest zu einem Land oder einem Thema neben Texten, Fotos, Schaubildern auch Videosequenzen oder interessante Animationen. Webcams ermöglichen Live-Bilder.
Aber Vorsicht: Nicht alle Informationen, die du abrufst, sind korrekt. Du solltest nur glaubwürdigen (seriösen) Quellen trauen.

Info

Internet

Das Internet ist die Vernetzung von Millionen Computern in der ganzen Welt. Es bietet zahlreiche Nutzungsmöglichkeiten, z.B. den Austausch von E-Mails, das Versenden von Daten (Programme, Fotos, Spiele) und das World Wide Web (www).

So gehst du vor

1. **Vorbereitung**
   Formuliere deinen Suchbegriff. Orientiere dich am Arbeitsauftrag.
2. **Suchen von Informationen**
   Gib deinen Suchbegriff in eine Suchmaschine ein. Sichte die Informationen. Entscheide, ob du den Quellen vertrauen kannst. Wähle aus.
3. **Sichern von Informationen**
   Speichere die Informationen, die du übernehmen willst. Notiere dabei jeweils die Internetadresse sowie Autor, Titel und Datum der Veröffentlichung.

Aufgaben

4 **Gib in eine Suchmaschine ein: Bildung für nachhaltige Entwicklung.**
Informiere dich über
– die Nachhaltigkeit und
– Jahresthemen.

5 **Ermittle Weltkonferenzen, die nach Rio-1992 stattgefunden haben sowie die dort gefassten Beschlüsse.**

M1 Schülerinnen und Schüler geben Aussagen wieder, die sie bei einer Befragung erfasst haben. Bewerte sie unter dem Aspekt der Nachhaltigkeit.

Kein Leben ohne Ressourcen

Aufgaben

1. **Werte M1 aus. Nenne jeweils benötigte Ressourcen für die „wichtigen Dinge des Lebens".**
2. **Fertige eine Übersicht über Rohstoffe an, die du regelmäßig verbrauchst.**
3. **Erläutere, dass Elektroschrott eine wahre Goldgrube ist.**

Rohstoffe – Ressourcen

Rohstoffe sind Naturmaterialien, die zur Herstellung von Produkten oder Energie genutzt werden.
Ressourcen sind alle Vorräte eines Rohstoffes. Dazu gehören auch die Mengen, die unter den gegenwärtig möglichen wirtschaftlichen und technischen Bedingungen nicht gewonnen oder genutzt werden können.

Wir Menschen verbrauchen für unser Leben und Wirtschaften immer mehr Ressourcen und Flächen, zum Beispiel für Nahrung, Kleidung, Wohnraum und unsere Freizeitgestaltung.
Zu den wichtigsten Ressourcen gehören Energieträger wie Erdöl, Erdgas oder Kohle, mineralische Rohstoffe wie Erze, pflanzliche Rohstoffe wie Nahrungsmittel und Faserpflanzen, aber auch Wasser, Wind und Solarenergie.

Region	Anteile in %
Angloamerika	24,0
Lateinamerika	5,0
Europa mit Russland/GUS	24,8
Afrika	3,2
Naher Osten	5,9
Asien/Ozeanien	37,1
darunter Länder:	
China	*19,5*
USA	*19,5*
Russland	*8,5*

M2 Anteile am Weltenergieverbrauch 2009

Jeder Mensch verbraucht im Verlaufe seines Lebens durchschnittlich eine Million Kilogramm Rohstoffe.

Nahezu jeder deutsche Haushalt besitzt einen Computer. Aber kaum ein Nutzer macht sich Gedanken über die benötigten Ressourcen. Allein in seinem Gehäuse stecken über 700 verschiedene Substanzen. Ein Computer verbraucht von der Gewinnung und Verarbeitung der Rohstoffe, über seinen Transport bis hin zur Entsorgung, insgesamt 1,4 Tonnen Rohstoffe.

„Ökologische Schwergewichte" sind auch Handys. Zu ihrer Produktion werden neben Silber, Kupfer, Blei und Gold „seltene Erden" benötigt. Diese werden zu 97 Prozent in China gefördert.

„Wir haben nur eine Erde!“

Der WWF (World Wide Fund for Nature) erstellt alle zwei Jahre einen Zustandsbericht über unsere Erde, den „Living Planet Report“ (M3).

Im Mittelpunkt des Berichts stehen Fragen wie: Wie viele Menschen kann die Erde tragen? Wie viele Rohstoffe kann eine bestimmte Fläche liefern? Wie viel Abfall kann sie aufnehmen, ohne dass Schäden an der Natur entstehen?

Schon lange lebt die Menschheit „auf zu großem Fuß“. Berechnungen besagen, dass wir schon heute 1,5 Erden pro Jahr verbrauchen. Im Jahr 2030 werden es zwei sein. Dabei wird die Erde regional unterschiedlich stark beansprucht. Grund dafür sind die verschiedenen Lebensweisen. Würden wir zum Beispiel alle so leben wie die Menschen in den Vereinigten Arabischen Emiraten oder den USA, wären 4,5 Erden nötig.

M3 Report 2010

Info

Ökologischer Fußabdruck

Mit dem ökologischen Fußabdruck können die Spuren, die die Menschen auf der Erde hinterlassen, sichtbar gemacht werden. In Hektar wird angegeben, wie Länder oder einzelnen Personen mit den verfügbaren Flächen und Ressourcen umgehen: Insgesamt umfasst die Erde 51 Milliarden Hektar. Davon sind nur 8,3 Milliarden Hektar produktiv nutzbar. Würde man diese Fläche gerecht auf jeden Erdenbürger verteilen, stünden jedem 1,8 Hektar zum Leben zur Verfügung. Je nach Lebensweise verändert sich die Größe des ökologischen Fußabdruckes.
Auch du kannst deinen persönlichen Fußabdruck berechnen und wirst vielleicht überrascht sein … Der ermittelte Wert trägt dazu bei, deinen eigenen Lebensstil zu erkennen. Viele ziehen daraus Schlussfolgerungen für eine Veränderung hin zu einer nachhaltigeren Lebensweise.

M4

www.latschlatsch.de
www.footprint-deutschland.de
www.footprint.ch

M5 Karikatur

Aufgaben

4 **Beschreibe, wozu die Berechnung des ökologischen Fußabdrucks dient.**

5 **Berechne deinen persönlichen Fußabdruck. Suche nach Gründen für deinen Wert und nach Möglichkeiten, nachhaltiger zu leben. Nutze dazu eine der angegebenen Internetadressen.**

Arbeitsheft

Großprojekte und Nachhaltigkeit

Deutschlands längste Baustelle

M1 ICE-Trassenverlauf

Halle – Erfurt	31 Minuten
Zeitersparnis	50 Minuten
Halle – Nürnberg	100 Minuten
Zeitersparnis	100 Minuten
München – Berlin	240 Minuten
Zeitersparnis	120 Minuten

M2 Erwartete Reisezeiten

1991 wurde durch die Bundesregierung der Ausbau eines leistungsfähigen Verkehrsnetzes im Osten Deutschlands beschlossen. Dadurch sollte die Entwicklung der einheimischen Wirtschaft gefördert werden.

Zu den zwanzig wichtigsten Verkehrsprojekten gehört die neue Eisenbahnstrecke von Nürnberg nach Berlin. Diese ICE-Trasse ist Teil des Transeuropäischen Bahnnetzes und verbindet Skandinavien mit Südeuropa. Da Reisende und Güter schneller und umweltfreundlich transportiert werden können, wird das Projekt Nr. 8 von der Europäischen Union gefördert.

Es werden für über zehn Milliarden Euro rund 500 Bahnkilometer neu- oder ausgebaut. Dabei sind Flüsse zu überwinden und Berge zu durchqueren.

Der Bau von 39 Brücken und 27 Tunneln verlangt bautechnische Meisterleistungen. Eine sehenswerte Bogenbrücke wird das Unstruttal überspannen.

Im Saale-Elstertal südlich von Halle entsteht mit 6,5 Kilometern die längste Brücke Deutschlands (M5).
Hohe Sicherheitsstandards werden insbesondere beim Bau der Tunnel beachtet. Parallel verlaufende Röhren werden mit Verbindungswegen versehen.

Aufgaben

1. **Beschreibe den Verlauf der neuen Eisenbahntrasse innerhalb Deutschlands und Europas.**
2. **Begründe die hohen Kosten des Baus.**

M3 Tunnelbau

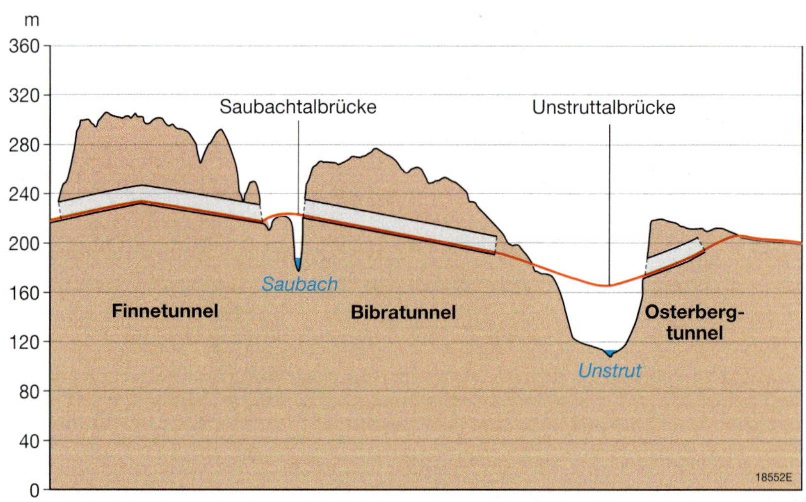

M4 Profilskizze durch das Tunnel- und Brückensystem

M5 ICE-Trasse Saale-Elsteraue bei Hochwasser (2011)

Nachhaltigkeit beim Trassenbau

Umweltschützer mahnten, dass die neue Eisenbahnlinie einzigartige Naturlandschaften zerschneidet, zum Beispiel die Saale-Elsteraue. Von Beginn der Planungen an wurde deshalb ein umfangreiches Schutzprogramm zur Erhaltung der Tier- und Pflanzenwelt erarbeitet.
Der Bau der ICE-Trasse wird deshalb nicht nur unter technischen, sondern auch unter ökologischen Gesichtspunkten überwacht. So wird der Bau während der Vogelbrutzeit von April bis Juli vollständig unterbrochen. Um die Zerstörung der Auenlandschaft durch Baustraßen so gering wie möglich zu halten, werden große Teile der Brücke von einer schwebenden, verschiebbaren Arbeitsplattform aus errichtet. Dies ist auch von Vorteil, da das breite Tal bei Hochwasser zu einer riesigen Seenlandschaft wird (M5).

M6 Brückenbau an der ICE-Trasse

Archäologe beim Freilegen einer Grabstätte aus der Jungsteinzeit

Spuren aus der Vergangenheit

Die neue ICE-Trasse führt durch ein altes Siedlungsgebiet aus der Bronzezeit. Bei Bauarbeiten wurden Spuren eines alten Handelsweges gefunden, der durch die Lössgebiete des Thüringer Beckens und der Leipziger Tieflandsbucht führte. Archäologische Ausgrabungen brachten neben Zeugnissen der alten Trasse auch Tausende Funde aus der noch älteren Jungsteinzeit hervor, zum Beispiel Schmuckstücke, Waffen, Werkzeuge und Gräber.

Aufgaben

3 **Analysiere, inwieweit das Großprojekt ICE-Trasse unter dem Aspekt der Nachhaltigkeit realisiert wird.**

4 **Stelle deine Ergebnisse unter Nutzung des Leitbildes der Nachhaltigkeit (Ökonomie, Ökologie, Soziales) grafisch dar.**

M1 Der Karakumkanal

M2 Lage des Aralsees

See	Fläche
Kaspisches Meer	374 000 km²
Oberer See	82 500 km²
Victoriasee	68 000 km²
Aralsee (1960) Aralsee (2010)	67 900 km² 21 000 km²
zum Vergleich: Bodensee	540 km²

M3 Die vier größten Seen der Erde

Aufgaben

1. **Beschreibe die Lage des Aralsees und seine Bedeutung für das Leben und Wirtschaften der Menschen.**
2. **Bewerte die Nutzung der Aralseeregion unter Berücksichtigung des Leitbildes der Nachhaltigkeit (M7).**

Der Aralsee – Experiment mit der Natur

M4 Baumwollpflanze

Der Aralsee liegt in der Zone der Halbwüsten und Wüsten. Noch bis in die 1960er-Jahre gehörte er zu den größten Binnenseen der Erde (M6).

Die beiden großen Ströme Amudarja und Syrdarja speisen eigentlich den See. Sie entspringen in den südlich gelegenen Hochgebirgen, im Pamir bzw. Tien Shan. Als Fremdlingsflüsse durchfließen sie die Wüsten Kysylkum (roter Sand) und Karakum (schwarzer Sand).

Schon seit Jahrhunderten wird entlang der beiden Flüsse und rund um den Aralsee Landwirtschaft betrieben.
Den Bauern diente das Wasser dabei schon immer zur Bewässerung der Felder, um Gemüse, Weizen, Reis und auch Baumwolle anzubauen. Wahrnehmbare Auswirkungen auf die Ausdehnung der Seefläche hatte die Wasserentnahme nicht.

In den 1960er-Jahren aber begann man von staatlicher Seite aus, die Bewässerungsflächen für den Anbau von Baumwolle und Reis sehr stark auszuweiten.
Über ein verzweigtes Netz von Kanälen wird seitdem Wasser aus dem Amudarja und dem Syrdarja auf die Felder geleitet. Das hat ein Schrumpfen der Seefläche zur Folge. Der Aralsee besteht heute aus zwei Teilen, dem Großen und dem Kleinen Aralsee.

M5 Reiskörner

M7 Folgen einer nicht-nachhaltigen Nutzung

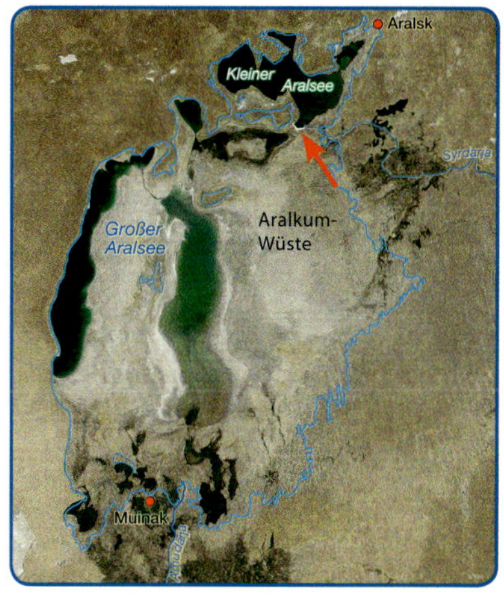

M6 Aralsee 2010 (blaue Linie = Uferlinie von 1960, roter Pfeil = Lage des Kokaral-Staudammes)

Aufgabe

3 Versetze dich in die Zukunft. Erstelle einen Bericht darüber, wie der Aralsee im Jahr 2050 aussehen und genutzt werden könnte.

Hoffnung für den Kleinen Aralsee

Seit Jahren werden immer wieder Großprojekte zur Rettung des Aralsees diskutiert, z. B. die Umleitung großer Flüsse oder die Zuführung von Gletscherwasser über eine Pipeline in den See. Sie alle scheiterten an den enormen Kosten.

Hoffnung aber gibt es für den Kleinen Aralsee. Dort, wo der Syrdarja in den See mündet, wurde ein 13 Kilometer langer Staudamm errichtet (M8). Der Wasserspiegel ist inzwischen angestiegen und die Einheimischen können wieder Fische fangen.
Ehemalige Bewohner kehren in ihre alte Heimat zurück, weil sie wieder Arbeit finden.

Geologen fanden in unmittelbarer Nähe des Kleinen Aralsees eine unterirdische Trinkwasserquelle. Über eine Wasserleitung sollen alle Bewohner mit sauberem Wasser versorgt werden.

Der Große Aralsee aber wird in absehbarer Zeit ganz ausgetrocknet sein, denn er ist nun völlig von einem seiner Hauptflüsse abgeschnitten. Im trockenen See bohren usbekische Firmen inzwischen nach Öl und Gas.

www.planet-schule.de
Suchbegriffe: Umbruch in Zentralasien, Aralsee

M8 Kokaral-Staudamm

Dubai – „Die Welt" geht unter?

Aufschüttung der Inseln

2003: „The World" – ein spektakuläres Großprojekt

Rund vier Kilometer vor der Küste Dubais werden an 300 Stellen Millionen Tonnen Steine und Sand aufgeschüttet. Eine Inselwelt entsteht, die vom Flugzeug aus gesehen die Form einer Weltkarte hat. Ihre Gesamtfläche beträgt neun mal sieben Kilometer. Ein ovaler Steinwall mit Durchfahrmöglichkeiten schützt die Inseln vor den Meereswellen. Jede Insel stellt ein Land, eine Ländergruppe oder einen Kontinent dar. Zu erreichen sind sie später nur mit einer Fähre, einem eigenen Boot oder mit dem Hubschrauber. An alles ist bei der Planung gedacht, auch an Polizeischutz oder den Abtransport des Mülls mit Booten.

Dubai setzt auch mit diesem Projekt auf den Tourismus, auf die Zeit nach dem gewinnbringenden Erdöl. Wer Geld hat, kann sich für mehrere Millionen US-Dollar eine Insel kaufen und seine Traumvilla mit Golfplatz oder Yachthafen darauf bauen.

Neben den Privatinseln dienen rund 75 Inseln ausschließlich touristischen Zwecken. Geplant sind darauf Hotels, Shopping- und Freizeitcenter.

(Zusammengestellt nach Zeitungsberichten)

M1 2008: Die Inseln sind verkaufsfertig und zum Teil verkauft.

Aufgabe

1 **Analysiere das Projekt „The World" unter Beachtung des Leitbildes der nachhaltigen Entwicklung. Beschreibe dabei Vor- und Nachteile für Ökonomie, Ökologie und Soziales.**

2011: „The World" – Land unter

Die „Welt" droht im Meer zu versinken. Wer schon einmal Sandburgen am Meer gebaut hat, weiß, dass die Wellen sie angreifen und zerstören, wenn die Gräben nicht dauernd ausgeschippt werden.

Schon seit 2009 ruhen alle Arbeiten am Projekt. Die Baufirma, die für „The World" verantwortlich ist, hat Milliarden Schulden. Die Immobilienpreise sind dramatisch gesunken und kaum einer will weiter in die kostspielige Landgewinnung investieren.

Zahlreiche Dienstleistungs- und Baufirmen haben Millionen US-Dollar regelrecht in den Sand gesetzt.

Nicht mehr ausgebaggert werden inzwischen die Fahrrinnen und Kanäle zwischen den Inseln. Sie füllen sich mit Sand und Schlick und sind somit unpassierbar. Auch der entlang der äußeren Küste errichtete Steinwall kann das Wasser nicht mehr zurückhalten.

Es ist nicht abzusehen, wann und ob überhaupt das Großprojekt „The World" vollständig abgeschlossen werden kann. Oder gewinnt die Natur das Land wieder zurück?

(Zusammengestellt nach Zeitungsberichten)

Nur eine Insel ist bebaut.

ALLES KLAR

1 Ordne die zwölf Aussagen den Teilen des Leitbildes zu.

- Kinderarbeit abschaffen
- Hightech-Industrie ansiedeln
- „Grüne Mauer“ anlegen
- Tourismus entwickeln
- Bevölkerungswachstum begrenzen
- Just-in-Time-Produktion
- Luftverschmutzung verringern
- Reisanbau intensivieren
- Bildung für alle sichern
- Naturschutzgebiete einrichten
- Arbeitsplätze auf dem Land schaffen
- Umweltgesetze einhalten

Leitbild der nachhaltigen Entwicklung

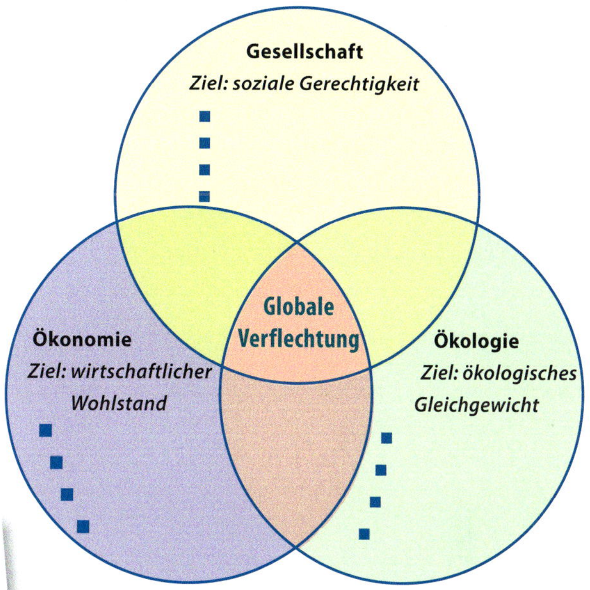

Arbeitsheft

2 Ordne die Fotos den Teilen des Leitbildes zu. Begründe.

Suche nach weiteren Beispielen einer (erforderlichen bzw. sich abzeichnenden) nachhaltigen Entwicklung im Schulbuch.

- die vielfältige Nutzung von Räumen der Erde aufzeigen und Folgen beschreiben,
- das Leitbild der Nachhaltigkeit erläutern, dabei das Internet nutzen,
- deinen ökologischen Fußabdruck berechnen,
- dich über die Bedeutung von Ressourcen in deinem Leben austauschen,
- Eingriffe des Menschen in Räume durch Großprojekte bewerten.

Du kannst dabei folgende Fachbegriffe anwenden:
Nachhaltigkeit, Ressource

Russland – Erschließung und Nutzung des Raumes

- die Lage Russlands sowie seine kulturellen und naturräumlichen Merkmale beschreiben,
- die Nutzung von Naturreichtümern in der subpolaren und gemäßigten Zone analysieren,
- Folgen der Ressourcennutzung für das Leben der Menschen und die Natur erläutern,
- einen Sachtext auswerten.

M1 Basilius-Kathedrale (links) und Erlöser-Turm (rechts) – Wahrzeichen des Roten Platzes in der russischen Hauptstadt Moskau

Russland im Überblick

Russische Föderation (Russland)

Hauptstadt: Moskau
Fläche: 17,075 Millionen km^2
Einwohner: 141,9 Millionen (2010)
Bevölkerungsdichte: 8,3 Einwohner/km^2
Währung: Rubel (Rub)
(1 Euro = 40,34 Rubel, Stand: 07.04.2011)

Russland ist mit rund 17 Millionen km^2 das flächenmäßig größte Land der Erde. Auf zwei Kontinenten gelegen, entfallen auf das Land elf Prozent der weltweiten Festlandsfläche.

Aufgrund seiner gewaltigen West-Ost-Ausdehnung erstreckt sich Russland über neun Zeitzonen. Wenn Irina in St. Petersburg am Abend noch über den Newski-Prospekt bummelt, ist Pjotr im fernen Wladiwostok schon wieder auf dem Weg in die Schule.

Auch der Bevölkerungszahl nach ist Russland ein Riese. Die Bevölkerung ist jedoch ungleich über das ganze Land verteilt (M1). Die Ursachen dafür sind vor allem in den natürlichen Verhältnissen zu suchen.

M1 Bevölkerungsdichte

M2 Transsibirienexpress

Aufgaben

1 **Beschreibe die Lage Russlands im Gradnetz (Atlas).**
2 **Nenne Merkmale des russischen Kulturraumes (S. 89).**
Arbeitsheft

Russisch

Russischer Kulturraum

M3 Russisch-orthodoxe Kirche in Moskau

Entwicklung und Gliederung des Kulturraumes

Als Kernraum des russischen Kulturraumes gilt ein Gebiet, das von den Städten Kiew, St. Petersburg und Kasan begrenzt wird. Bereits im 9. Jahrhundert schlossen sich die dort siedelnden ostslawischen Stämme zur „Kiewer Rus" zusammen. Aus „Rus" entwickelte sich der spätere Name „Rossija" – Russland. Die Machtzentren wechselten im Russischen Reich mehrmals. Nach dem Einfall der Reiterheere der Mongolen wurde Moskau im 13. Jahrhundert Sitz der russischen Herrscher.

Russisch-orthodoxe Kirche

Die Mehrzahl der russischen Christen bekennt sich zur russisch-orthodoxen Kirche. Es wird berichtet, dass im 10. Jahrhundert der Herrscher des Kiewer Reiches, Fürst Wladimir, eine Staatsreligion einführen wollte. Er entschied sich für die byzantinisch-orthodoxe Kirche, weil ihm das Zeremoniell der orthodoxen Kirche am besten gefallen haben soll. Es gibt in Russland auch andere Religionsgemeinschaften, z. B. muslimische, jüdische, buddhistische Gemeinden sowie Naturreligionen.

Tschuktschin aus Kamtschatka

Kasache aus Omsk

Russin aus Irkutsk am Baikalsee

Vielvölkerstaat

In Russland leben über 120 unterschiedliche Nationalitäten oder Völker. Unter ihnen haben die Russen den größten Anteil. Alle Völker besitzen eigene Kulturen und Traditionen sowie Wirtschafts- und Lebensweisen. In der Realität dominiert jedoch die russische Kultur.

In Russland leben auch rund 500 000 Deutsche. Viele kehrten seit 1990 als Spätaussiedler nach Deutschland zurück.

Info

Kyrillisches Alphabet mit deutscher Umschrift

А	a	К	k	Х	ch
Б	b	Л	l	Ц	z
В	w	М	m	Ч	tsch
Г	g	Н	n	Ш	sch
Д	d	О	o	Щ	schtsch
Е	e	П	p	Ы	y
Ё	jo	Р	r	Ъ	–
Ж	sch	С	s	Ь	–
З	s	Т	t	Э	e
И	i	У	u	Ю	ju
Й	i	Ф	f	Я	ja

Moskau – das Zentrum Russlands

Aufgaben

1 Informiere dich im Internet über die Stadt Moskau und die dortigen Sehenswürdigkeiten. Ergänze den Steckbrief.

2 Beschreibe die beiden Gesichter der Metropole Moskau.

www.moskau.ru/moskau/lexikon

Auch heute noch wird der Vielvölkerstaat Russland von der Metropole Moskau aus regiert. Menschen aus allen Regionen des riesigen Landes leben hier zusammen. Sie machen die Hauptstadt zu einer schillernden Metropole, die auch Besuchern viel zu bieten hat.

Der Kreml ist die wohl bekannteste Sehenswürdigkeit der Stadt. In seiner unmittelbaren Nähe, direkt am Roten Platz, dem Mittelpunkt Moskaus, befinden sich außerdem die Basiliuskathedrale und das Kaufhaus GUM. Das Kaufhaus wurde um 1900 errichtet. In seinen Glaspassagen locken Waren hinter mehr als zwei Kilometern Ladenfront die Käufer an.

Wer nicht in den neuen Kaufpalästen einkaufen kann, geht auf die riesigen Straßenmärkte. Sie sind nicht nur in der Innenstadt, sondern auch am Stadtrand zu finden. Dort werden alle Waren, vor allem die aus dem Westen importierten, sehr viel preisgünstiger feilgeboten.

Auch die hektische Betriebsamkeit, die schon frühmorgens auf den Straßen herrscht, ist ein Zeichen der Zeit. Die Straßen der Stadt können den wachsenden Autoverkehr kaum mehr aufnehmen. Und auch die Metro, die weltberühmte Untergrund-Bahn Moskaus, befördert Tag für Tag bis zu sieben Millionen Menschen.

M1 In einer Moskauer Metrostation

M2 Lomonossow-Universität

M3 Moskau – täglicher Stau im Berufsverkehr

M4 Im Kaufhaus GUM

M5 Rentnerinnen als Händler

Die zwei Gesichter Moskaus

In der Hauptstadt Moskau hat sich eine reiche städtische Oberschicht herausgebildet. Aber nicht nur Wohlstand prägt das Bild der Hauptstadt. Die Zahl der Notleidenden nimmt zu.

Auf den Straßen Moskaus leben immer mehr Obdachlose. Viele von ihnen haben ihre Wohnungen aus purer Not verkauft und damit ihr Zuhause verloren.

In Russland stiegen in den letzten Jahren die Preise für alle lebensnotwendigen Güter. Die Löhne und Gehälter aber stiegen nicht in der gleichen Geschwindigkeit.

In keiner anderen russischen Stadt sind die Lebenshaltungskosten so hoch wie in Moskau. Viele versorgen sich mit dem, was sie in ihrem eigenen Garten anbauen können.

Steckbrief von Moskau

- **Industriezentrum:** ca. 3,5 Mio. Beschäftigte, ca. 1 200 Betriebe
- **Verkehrszentrum:** neun Bahnhöfe, vier Flughäfen, zwölf Metrolinien (2,5 Mrd. Fahrgäste im Jahr), 13 große Fernstraßen durchqueren Moskau, drei Flusshäfen sind durch den Moskwa-Kanal mit dem russischen Großwasserstraßennetz verbunden
- **Kulturelles Zentrum:** mehrere Hochschulen und Universitäten (ca. 600 000 Studenten), ein Viertel aller russischen Wissenschaftler arbeitet in Moskau, 4 200 Bibliotheken mit über 350 Millionen Büchern

M6 Landwirtschaft auf einer Datscha am Stadtrand

M1 Der Elbrus – höchster Berg des Kaukasus

M2 Gliederung und Großlandschaften

Der Naturraum Russlands

Vielfältige Oberflächengestalt

Die weite Ausdehnung Russlands bringt eine große landschaftliche Vielfalt hervor. Auf Erkundungstour von West nach Ost durchquert man zuerst das Osteuropäische Tiefland. Der rohstoffreiche Ural ist das Grenzgebirge zwischen Europa und Asien. Östlich davon erstreckt sich bis zum Jenisej eines der größten Tiefländer der Erde, das Westsibirische Tiefland.

Sehr beschwerlich ist die Durchquerung der sich östlich daran anschließenden Bergländer und Gebirge.

Abstecher nach Oimjakon, dem Kältepol der Nordhalbkugel, und zum Baikalsee, dem tiefsten See der Erde, sollten auch unternommen werden. Auf Kamtschatka schließlich gibt es Vulkane, heiße Quellen und Gletscher.

Aufgaben

1 **Beschreibe die Oberflächenformen Russlands von West nach Ost.**

2 **Beschreibe eine Großlandschaft ausführlicher (Lage, Ausdehnung, Höhenlage, höchste Erhebung, Gewässer).**

M3 Im Uralgebirge

M4 Vulkan auf Kamtschatka

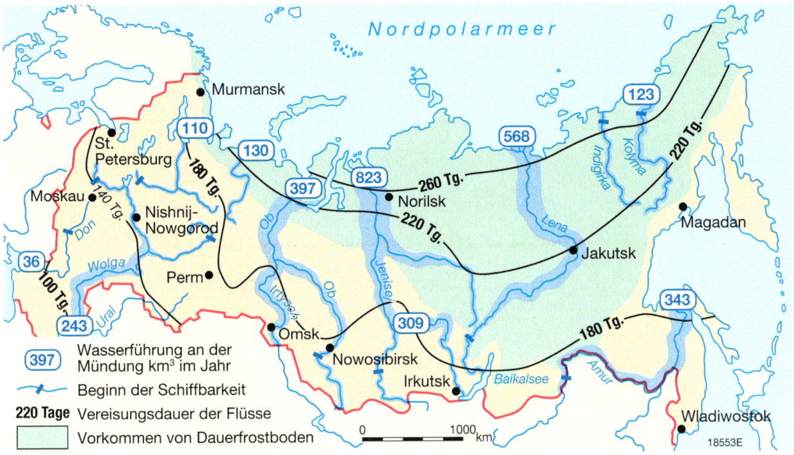

M5 Wasserführung und Vereisungsdauer russischer Flüsse (Tg. = Tage)

	Länge (in km)	Einzugsgebiet (in km²)	Abflussmenge (in km³/Jahr)
Wolga	3 688	1 400 000	252
Lena	4 400	2 490 000	536
Irtysch	4 248	1 643 000	90
Ob	3 650	2 867 000	400
Jenisej	3 487	2 580 000	624
Amur	2 824	1 855 000	343
Angara	1 779	740 000	161
zum Vergl. Elbe	*1 165*	*144 055*	*22*

M6 Russische Flüsse

Gewässer Russlands

Russland ist mit rund zwei Millionen Flüssen und drei Millionen Seen ein sehr wasserreiches Land. Es verfügt über fast ein Viertel aller Süßwasservorräte der Erde. Der bedeutendste Fluss im europäischen Teil ist die Wolga. Sie wird als Transportweg genutzt und liefert Brauchwasser für Industrie und Landwirtschaft. Durch das Anlegen von Staustufen wird die Wasserkraft des Flusses zur Erzeugung von Elektroenergie genutzt.

Noch länger und wasserreicher als die Flüsse im europäischen Teil sind die großen Ströme Sibiriens (M5, M6). Russland hat mit dem Ladoga- und dem Onegasee auch die größten Seen Europas.

Die Menschen in Russland sind an einen natürlichen Überfluss an Wasser gewöhnt. Seit kurzem ist in der Schule das Thema „Reines Wasser" zu behandeln, damit schon die Kinder den sorgfältigen und sparsamen Umgang mit Wasser lernen.

Aufgabe

3 **Fertige eine Kartenskizze zu Russland an. Trage Großlandschaften, Flüsse und angrenzende Meere ein.**
Arbeitsheft

M7 An der Wolga

M8 Am Ladogasee

Russland – Erschließung und Nutzung des Raumes

M1 Klima und Vegetation

Zusammenhang von Klima und Vegetation

Russland hat von Nord nach Süd Anteil an mehreren Klimazonen (M1). Der größte Teil des Landes liegt in der gemäßigten Klimazone.
In Abhängigkeit von Klima und Böden haben sich unterschiedliche Vegetationszonen ausgebildet. Sie reichen von der baumlosen Tundra über den nördlichen Nadelwald (Taiga), die Zone des sommergrünen Laub- und Mischwaldes, die Steppe, die winterkalten Halbwüsten und Wüsten bis zur Zone der Hartlaubgehölze.
Die ursprüngliche Vegetation ist inzwischen zum großen Teil durch eine land- und forstwirtschaftliche Nutzung und den Abbau von Bodenschätzen stark verändert.

Info

Tundra, Taiga, Steppe

Das Wort „Tundra" leitet sich vom finnischen Wort „tunturi" ab und heißt „flache, waldlose Landschaft". Das Wort „Taiga" stammt aus Jakutien und lässt sich mit „dichter Nadelbergwald" übersetzen. Das Wort „Steppe" stammt aus dem Russischen und bedeutet „Grasland".

Tundra

- baumlos, Moose, Flechten, Kräuter; Waldtundra im Übergang zur Nadelwaldzone (Zwergbirken, Zwergkiefern)
- lange, strenge Winter und kurze Sommer, wenig Niederschlag
- Dauerfrostboden
- Nutzung: Rentierzucht, Förderung von vielfältigen Bodenschätzen

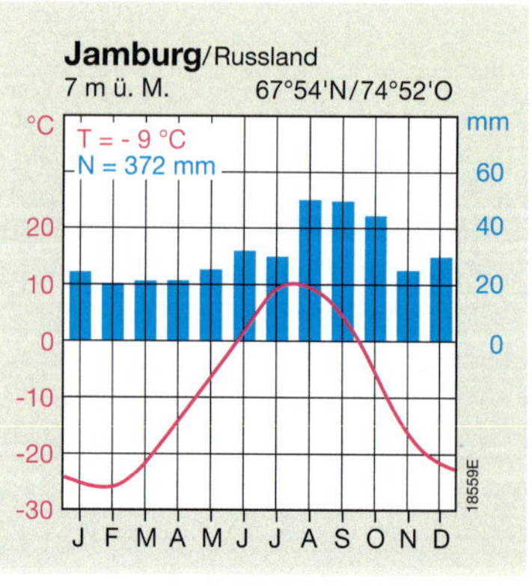

Nördlicher Nadelwald (Taiga)

- Nadelwaldzone, südlich der Zone der Tundra (Kiefern, Fichten, Tannen, sibirische Lärchen)
- kalte und sehr kalte Winter
- mäßig warme bis warme Sommer, für Pflanzen kurze Wachstumszeit
- Nutzung: Holzeinschlag (zumeist Raubbau), Pelztierjagd

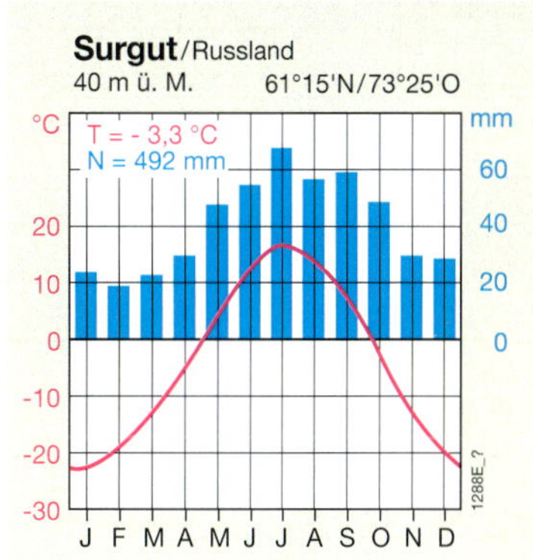

Steppe

- baumloses oder baumarmes Grasland, durch menschliche Tätigkeit stark verändert
- südlich von Laub- und Mischwald
- kalte Winter und heiße, trockene Sommer, geringe Niederschläge
- fruchtbarer Schwarzerdeboden
- Nutzung: Getreideanbau, Sonnenblumen

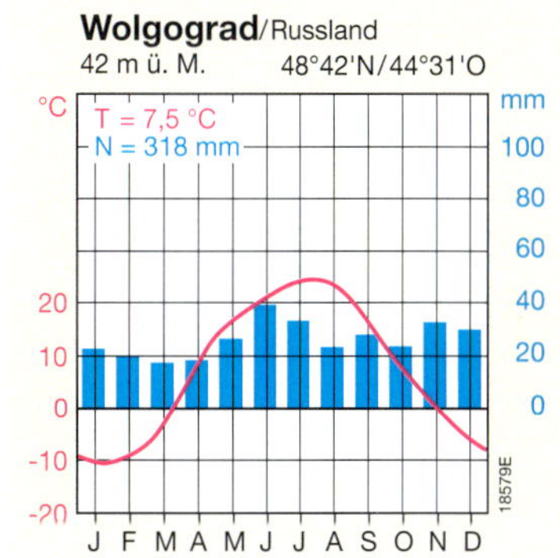

Winterkalte Halbwüsten und Wüsten

Die Zone der winterkalten Halbwüsten und Wüsten beginnt dort, wo die durchschnittliche Jahressumme des Niederschlags unter 250 Millimeter liegt. In der Halbwüste (Übergangsgebiet zwischen Steppe und Wüste) bedecken Pflanzen noch fast die Hälfte des Bodens. Pflanzen in den Halbwüsten und Wüsten sind hervorragend an die Trockenheit angepasst.

Hartlaubgehölze

Subtropische Vegetation mit Zypressen, Palmen, Lorbeerbüschen und Magnolien findet man an der Schwarzmeerküste im Gebiet um Sotschi. Die Region wird auch als Russische Riviera bezeichnet.

Aufgabe

1 **Nenne die Klima- und Vegetationszonen, die du bei einer Reise von der Halbinsel Kola nach Sotschi entlang 40° östlicher Länge beobachten kannst (M1 und Atlas).**

Arbeitsheft

Ressourcennutzung in der subpolaren Zone

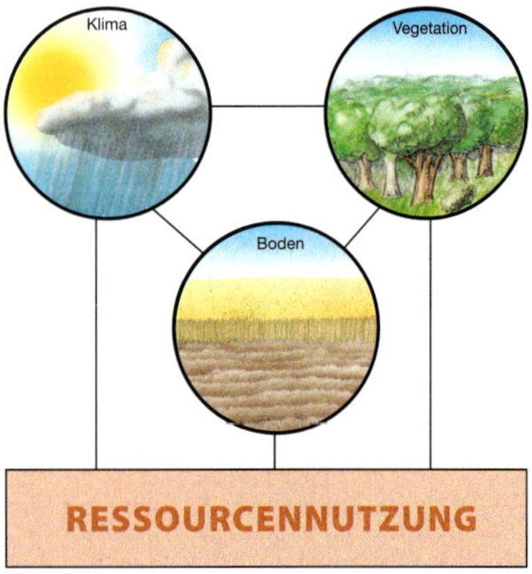

M1 Zusammenhänge Klima – Vegetation – Boden und Ressourcennutzung

Begehrtes Rohstofflager

Die subpolare Zone erstreckt sich in Russland als ein etwa 200 Kilometer breiter Streifen an der Küste des Nordpolarmeeres. Dem Klima entsprechend hat sich eine baumlose Vegetation, die Tundra, ausgebildet. Hier herrschen Polartag- und Polarnacht.

Das Gebiet der subpolaren Zone ist für Russland eine riesige Schatzkammer. Im Boden lagern große Reserven an Bodenschätzen, beispielsweise Erdgas und Erdöl, Steinkohle, Gold, Eisenerz, Buntmetalle, Stahlveredler, Apatit u. a. (M2 und S. 100). Die Gewinnung der Bodenschätze ist äußerst schwierig und kostenaufwendig.

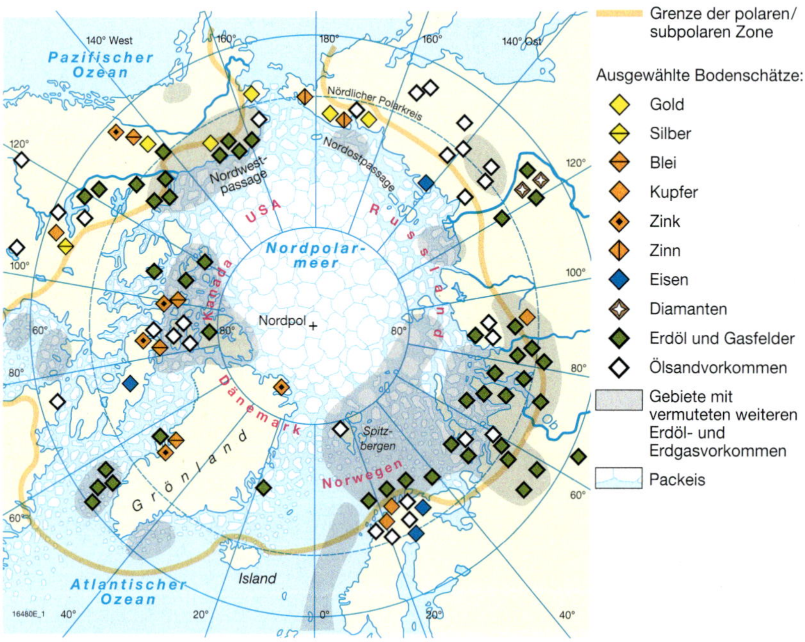

M2 Bodenschätze in der subpolaren Zone

Aufgaben

1 **Bei der Gewinnung von Bodenschätzen in der subpolaren Zone treten Schwierigkeiten auf. Erläutere.**

2 **Berichte vom Leben in der Tundra. Nutze die Texte auf Seite 97.**

Arbeitsheft

Aufgetauter Dauerfrostboden in der Tundra

Info

Dauerfrostboden

Er bildet sich vor allem in Gebieten mit Land- oder Kontinentalklima mit geringen winterlichen Niederschlägen. Die fehlende Schneedecke lässt den Frost tief in den Boden eindringen. Bis in eine Tiefe von 1 000 Meter kann der Dauerfrostboden ganzjährig gefroren sein. Im Sommer taut er oberflächlich auf. Da das Wasser nicht versickern kann, bilden sich Sümpfe aus. Sie sind eine ideale Brutstätte für Millionen Stechmücken.

Menschen in der Tundra

Schon seit Jahrtausenden wohnen Menschen in der Tundra. Noch heute leben die meisten von ihnen als Nomaden. Mit ihren Rentierherden ziehen sie im Sommer weit nach Norden, den Winter dagegen verbringen sie im Süden. Das Rentier ist für die Völker in der Tundra das wichtigste Nutztier.

Es dient ihnen als Transportmittel. Sie nutzen die Felle, das Leder, das Fleisch und die Milch der Tiere. Auch Fische und Meerestiere, die sie in den Binnengewässern fangen, bereichern den Speiseplan. Der Dauerfrostboden dient ihnen bei der Aufbewahrung von Nahrungsmitteln als Tiefkühltruhe.

M3 Völker in der subpolaren Zone

Schulbildung in den sibirischen Weiten

Die Kinder der Völker in der Tundra lernen heute in der eigenen Sprache lesen und schreiben. In der Oberstufe kommt die russische Sprache hinzu. Der Schulbesuch ist meist mit einem Internatsaufenthalt verbunden, da die Gebiete dünn besiedelt sind und die Eltern oftmals als Nomaden leben. Dadurch gehen viele kulturelle Werte verloren. Die Kinder und Jugendlichen gewöhnen sich einerseits an den Komfort beheizter Wohnungen, andererseits an eine andere Ernährung und Kleidung.

Schüler in Chatanga

Religiöse Traditionen

Der Schamanismus ist die traditionelle Religion der Völker im Norden Sibiriens. Ihm liegt der naturverbundene Glaube an die Geister der Tundra, des Meeres, der Flüsse und der Sonne zugrunde. Schamanen gelten als Mittler zwischen der Welt der Menschen und der Natur. Sie müssen von den Naturgottheiten wie von den Menschen anerkannt werden. Durch Trance treten die Schamanen mit den Geistern in Verbindung. Man sagt ihnen heilende Kräfte sowie hellseherische Fähigkeiten nach.

Tschuktschen – Leben am Rande der Welt

Tschaplino ist eine kleine Siedlung auf der Tschuktschen-Halbinsel im Nordosten Sibiriens. Auf der anderen Seite der Beringstraße liegt Alaska. Ursprünglich lebten hier die Inuit. Als diese jedoch vor mehreren Tausend Jahren nach Amerika übersiedelten, nahmen die Tschuktschen, eine alte sibirische Volksgruppe, deren Siedlungsplätze ein. Noch heute ziehen die Tschuktschen als Rentiernomaden durch die Tundra.

Tschuktsche mit seinen Rentieren

GAZPROM

(russische Abkürzung für Gasindustrie)

- 1993 gegründet
- größter Gaskonzern der Welt
- besitzt über ein Viertel der Welterdgasreserven
- 25 Prozent Anteil an der Welterdgasproduktion
- 90 Prozent der Produktion des russischen Erdgases
- für viele Staaten Europas wichtigster Energielieferant, auch für Deutschland

Erdgasvorkommen — Erdgasleitung — Erdgasleitung geplant, im Bau — 0 500 1000 km

M1 Russisches Erdgas für Europa

Ressource Erdgas

Russland verfügt über die größten Erdgasreserven der Welt. Die Hauptfördergebiete liegen noch heute im Gebiet von Jamburg und Urengoi nördlich des Polarkreises (M1).

Die extremen klimatischen Bedingungen, der Dauerfrostboden und die im Sommer versumpfte Landschaft, stellen an die dort arbeitenden Menschen und das Material hohe Anforderungen.

Über ein dichtes Netz von Pipelines wird die wertvolle Fracht zu den Verbrauchern transportiert. Für Deutschland ist Russland der wichtigste Erdgaslieferant (M1).

Aufgabe

1 **Informiere dich, wozu Erdgas verwendet wird (Internet).**

Nord Stream
The new gas supply route for Europe

Verlegung der Pipeline

Landfall der Pipeline in Lubmin

Nord Stream Pipeline – Gas für Europa

- Gaspipeline, besteht aus zwei Röhren, führt vom russischen Wyborg bis nach Lubmin bei Greifswald, 1 224 km durch die Ostsee
- Hauptfördergebiet für Nord Stream: Yuzhno-Russkoje-Feld, später auch Jamal-Halbinsel sowie Shtokmanovoskoje (Barentsee)
- Bau von zwei Leitungen ab Lubmin in Richtung Süden und Westen zur Anbindung an das europäische Gasnetz
- Fertigstellung 2011/2012
- Kosten: 7,4 Milliarden Euro

Am Urengoi-Gasfeld

Erdgasstadt Nowy Urengoi

Im Jahre 1966 begann die Erschließung des Urengoi-Gasfeldes. Für die Arbeitskräfte errichtete man in dieser fast unbewohnten Gegend eine Barackensiedlung.
1973 wurde eine neue Stadt gegründet: Nowy Urengoi (Neu-Urengoi). Sie hat inzwischen rund 117 000 Einwohner und existiert auch nur wegen der Erdgasförderung. Fast alle Bewohner arbeiten direkt oder indirekt für den Gaskonzern Gazprom.
Mit Hubschraubern werden die „Gasowiki", wie die Beschäftigten von Gazprom genannt werden, zu den Erdgasfeldern in der Tundra geflogen. Der Gaskonzern sorgt für seine Beschäftigten: Einfache Schichtarbeiter verdienen durchschnittlich 1700 € im Monat (russischer Durchschnitt 400 €).
Die Kinder werden in betriebseigenen Kindergärten betreut, Schulen erhalten Unterstützung und Kulturveranstaltungen werden organisiert. Das Angebot in den Supermärkten ist bestens, obwohl man fast alle Waren einfliegen muss.
Immer mehr Bewohner wollen für immer in Nowy Urengoi bleiben. *(Nach Zeitungsberichten)*

Gasfeld auf Halbinsel Jamal

Halbinsel Jamal: Umweltprobleme

Die Förderung auf den großen Erdgasfeldern um Urengoi und Jamburg geht zurück. Der Konzern Gazprom setzt auf die Erschließung von noch größeren Lagerstätten auf der Halbinsel Jamal. An vielversprechenden Fundorten errichtet Gazprom schon im Vorfeld Siedlungen, Straßen und auch Flugplätze. Die Siedlungen sind ausgestattet mit allem Komfort: Schwimmbädern, Turnhallen, Solarien, Geschäften. Schon die Erschließung richtet große Umweltschäden an und bedroht die traditionelle Lebensweise der dort lebenden Völker, so auch der Nenzen.

Sie halten traditionell große Rentierherden. Schwere Maschinen zerstören die empfindliche Tundrenvegetation auf Jahrzehnte. Durch ein einziges Raupenfahrzeug bei einer Probebohrung werden 40 000 Hektar Rentierweide verwüstet. Eine Regeneration der Vegetation dauert mehrere Jahrzehnte, denn die Rentiermoose wachsen nur einen Millimeter im Jahr.
Eine neue Eisenbahnstrecke und die schon vorhandenen und noch zu bauenden Pipelines stören die natürlichen Wanderwege der Rentierherden.

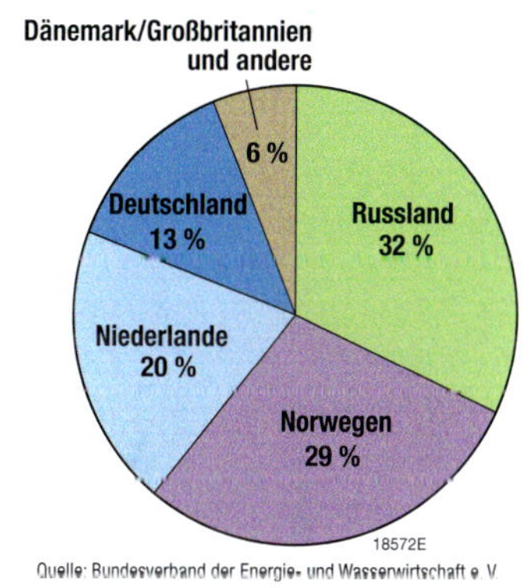

M2 Woher kommt unsere Energie?

Wirt-
schaft

Aufgaben

2 **Berichte über das Leben der Erdgasarbeiter.**

3 **Erläutere, welche Umweltprobleme durch die Förderung von Erdgas in der subpolaren Zone auftreten.**

Wirtschaftsraum Murmansk

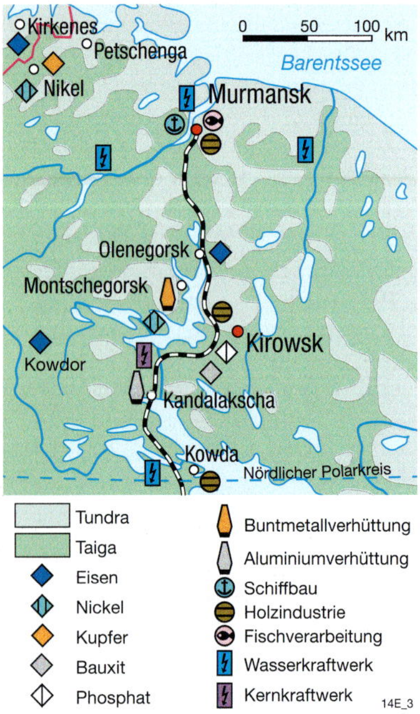

M1 Industrie in der Region Murmansk

M2 Apatit – Grundstoff der Düngemittelindustrie

Aufgaben

1 **Beschreibe die geographische Lage von Murmansk (Atlas).**

2 **Begründe, weshalb sich Murmansk zu einem Industriezentrum entwickelt hat.**

Murmansk liegt nördlich des Polarkreises auf der Halbinsel Kola in der Tundra.
Eine Meeresbucht bietet Schutz für den Hafen. Er hat den Vorteil, im Winter aufgrund eines Ausläufers des Golfstromes eisfrei zu bleiben.
Murmansk ist Ausgangspunkt des Nördlichen Seeweges bis nach Wladiwostok (vgl. Info-Kasten).

Die Halbinsel Kola ist reich an Bodenschätzen (M1). Ohne sie gäbe es keine Stadt.

Die hohen Kosten zur Rohstoffgewinnung und -verarbeitung gehen auf der Halbinsel Kola stark zulasten der Umwelt. Für die benötigte Energie bei der Verhüttung der Erze war der Bau eines großen Kernkraftwerkes erforderlich.
In vielen Betrieben entweichen infolge fehlender Filteranlagen giftige Gase in die Luft.

Zahlreiche Kultur- und Sporteinrichtungen sollen den Einwohnern einen Ausgleich für die unwirtliche Umwelt bringen.

Eisbrecher auf dem Nördlichen Seeweg

Info

Nördlicher Seeweg: Murmansk – Wladiwostok

Der nördliche Seeweg ist insgesamt 10 400 Kilometer lang. Heute ist die Durchfahrt mithilfe leistungsfähiger Eisbrecher ganzjährig möglich, aber mit sehr hohen Kosten verbunden.
Aufgrund klimatischer Veränderungen taut das Eis der Arktis immer stärker ab. Wissenschaftler gehen davon aus, dass die Eisbedeckung auf dem Nördlichen Seeweg zukünftig über 120 Tage pro Jahr bei 50 Prozent und darunter liegen wird. Somit könnte der Nördliche Seeweg zunehmend zu einer normalen Schifffahrtsroute werden.

M3 Industrieanlagen von Norilsk Nickel in Norilsk

Wirtschaftsraum Norilsk

Norilsk ist mit rund 250 000 Einwohnern die nördlichste Großstadt der Erde. In den 1930er-Jahren fanden Geologen riesige Lagerstätten von Nickel-, Platin-, Kupfererz sowie Gold. Unter extremsten klimatischen Bedingungen mussten nach 1935 Strafgefangene die Stadt und das Nickelwerk errichten.

Den größten Teil des Jahres kann die Stadt nur mit dem Flugzeug erreicht werden.
In den kurzen Sommermonaten ist eine Anreise bis zum Hafen Dudinka über den Jenisej möglich. Von dort aus führen eine Gütereisenbahnstrecke und eine Straße nach Norilsk.
Dudinka ist an den Nördlichen Seeweg angeschlossen.

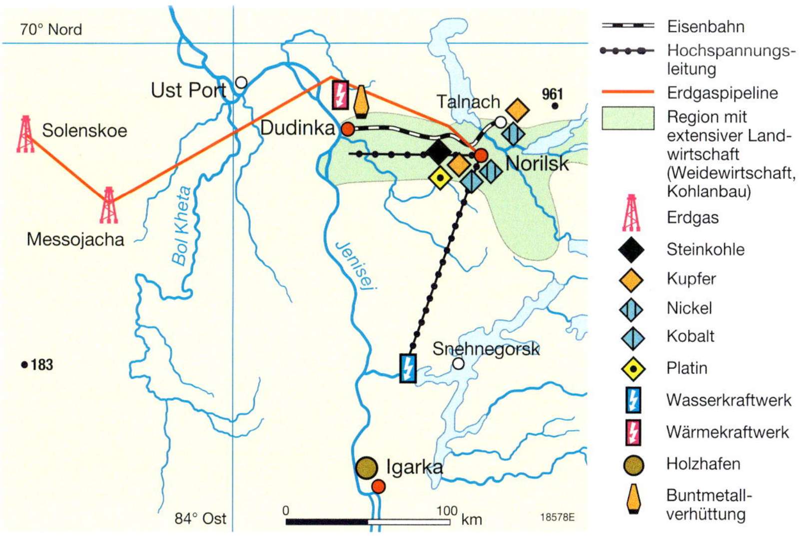

M4 Wirtschaftsraum Norilsk

Leben in Norilsk

Der Konzern „Norilsk Nickel", zu dem mehrere Hüttenwerke gehören, ist das Herzstück des Wirtschaftsraumes Norilsk.
Er gilt aber auch als einer der größten Einzelverschmutzer der Welt. Jeder Schornstein der Hüttenwerke raucht in einer anderen Farbe. Der weiße Schnee der Tundra ist dunkelgrau bis schwarz gefärbt.
Wenn kein Wind weht, bekommt man in der Stadt kaum Luft. Und trotzdem leben so viele Menschen hier.
Etwa 60 000 Menschen finden ihre Arbeit beim Nickelriesen. Entscheidend höher als in anderen Teilen Russlands sind die Löhne der Arbeiter, aber auch die Lebenshaltungskosten. Deshalb auch, weil außer Wasser, Fisch und Wild alles zum Leben Notwendige aus weiter Ferne herangeschafft werden muss.

Aufgabe

3 Erläutere die Bedingungen, unter denen die Menschen in Norilsk leben und wirtschaften (Atlas).

Ressourcennutzung in der gemäßigten Zone

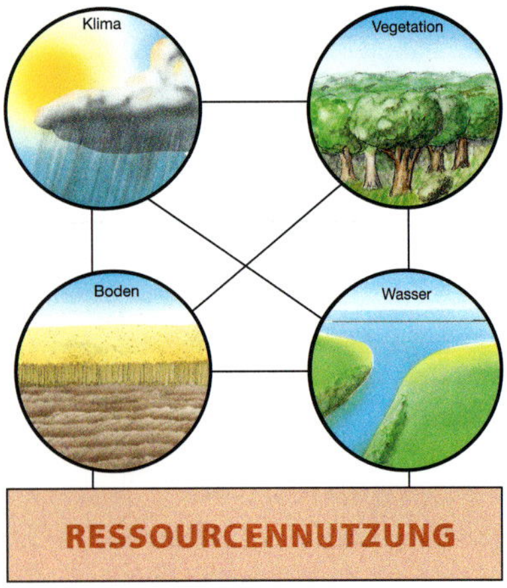

M1 Zusammenhänge zwischen Klima – Vegetation – Boden – Wasser – Ressourcennutzung

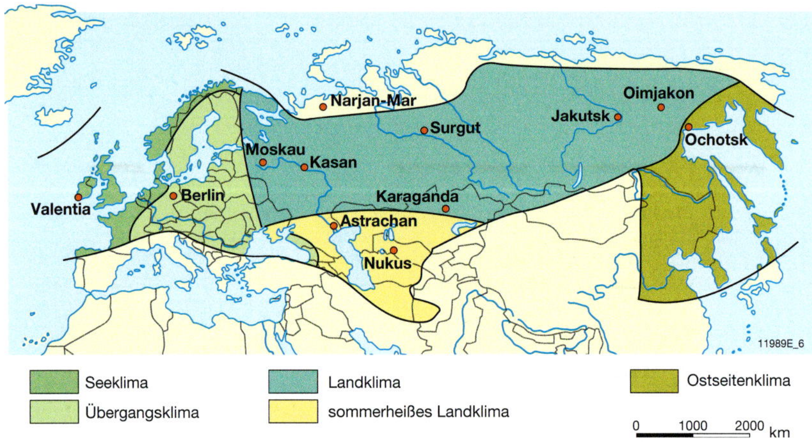

M2 Klimatypen der gemäßigten Klimazone

Aufgaben

1. Nenne die Klima- und Vegetationszonen, an denen Russland Anteil hat.
2. Vergleiche die Klimadiagramme von Moskau und Oimjakon.

Arbeitsheft

Naturbedingungen

Russland hat einen großen Anteil an der gemäßigten Klimazone. Abhängig von den klimatischen Bedingungen hat sich dort von Nord nach Süd eine unterschiedliche Vegetation ausgebildet:

Im europäischen Teil überwiegen die Laub- und Mischwälder und die Steppe, im asiatischen Teil dagegen der nördliche Nadelwald, in Russland Taiga genannt. Mehrere Ursachen sind dafür ausschlaggebend:

Zum einen ist es die geographische Breitenlage, zum anderen auch die von West nach Ost zunehmende Kontinentalität des Klimas (M2).

Dabei nimmt der Einfluss der milden Meeresluft des Atlantischen Ozeans mit wachsender Meeresentfernung ab. Die Temperaturunterschiede zwischen Sommer und Winter nehmen immer mehr zu. 1926 wurde mit -71,2 °C in Oimjakon die kälteste Temperatur auf der nördlichen Halbkugel gemessen (M4 und S. 103).

M3 Oimjakon – Denkmal für die kälteste Temperatur

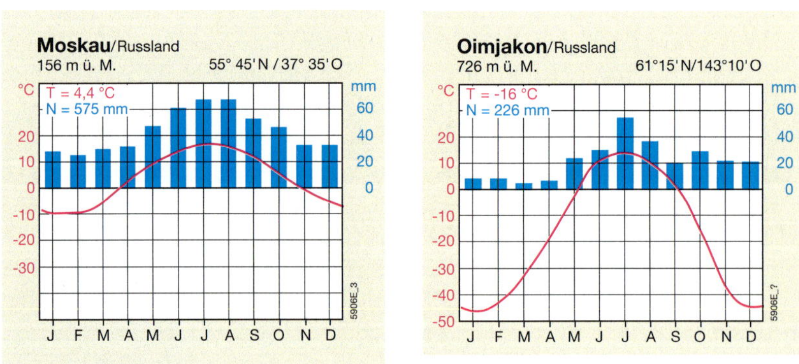

M4 Klimadiagramme

Einen Sachtext auswerten

METHODE

Im kältesten Dorf der Welt

Milch in Scheiben

kleiner Jakutier mit Rentieren

Für die rund 800 Einwohner von Oimjakon beginnt der Frühling bei 20 Grad unter Null. Jetzt im Januar herrschen im Durchschnitt minus 45 Grad. Das Bauerndorf in Jakutien im Nordosten Sibiriens ist das kälteste Dorf der Welt.

Am Ortseingang ragt ein fünf Meter hohes Denkmal in den Himmel. „Оймякон – полюс холода“ (Kältepol) steht zuoberst. Weiter unten findet sich die Inschrift „Minus 71,2 °C“, das ist die Weltrekordmarke aus dem Jahr 1926.

Durch die eisige Kälte werden selbst die alltäglichsten Dinge für den Fremden zum Erlebnis. Auf dem Weg zum Dorfladen kommen wir an Wäsche vorbei, die Einheimische draußen auf der Leine aufgehängt haben. Sie ist steif wie ein Brett. Die Wäsche wird dadurch desinfiziert. Sie riecht ganz sauber und frisch. Auch im Dorfladen ist vieles anders. Milch kauft man dort nicht in Litern, sondern in Zentimetern. Die Verkäuferin fräst kleinere oder größere Scheiben aus dem Milchblock.

Kleine, zottige Pferde sind der Stolz des jakutischen Mannes. Kühe würden im Freien nachts erfrieren. Die halbwild lebenden Pferde hingegen brauchen keinen Stall und scharren sich ihr Futter unter dem Schnee hervor.

Einige junge Einwohner träumen von einem Leben in London oder Paris. Wer weggeht, kehrt früher oder später wieder hierher zurück. Fern von daheim fehlt ihnen das Leben in völliger Abgeschiedenheit. Die Leute hier werden älter als anderswo in Russland. Wer diese Kälte aushält, den haut so schnell nichts um.

(Nach: Marius Born. In: DIE WELT. 20.01.2007. ReiseWelt, S. R1)

So gehst du vor

1. **Orientierung über den Text**
   - Nenne das Thema des Textes und seinen Verfasser.
   - Nenne die Quelle des Textes.
2. **Erschließung des Textinhalts**
   - Lies den Text einmal durch. Nenne seine zentrale Aussage.
   - Unterstreiche Schlüsselwörter. Kläre dir unbekannte Begriffe.
   - Gliedere den Text in Abschnitte und formuliere Zwischenüberschriften.
3. **Zusammenfassung des Textes**
   - Fasse den wesentlichen Inhalt des Textes zusammen.
   - Gib an, was dich besonders interessiert hat.

www.planet-wissen.de
Suchbegriff: Kältestes Dorf der Welt

Aufgabe

3 **Analysiere den Text. Nutze dazu die Schrittfolge.**

Russland – Erschließung und Nutzung des Raumes

Eine riesige Schatzkammer

M1 Lage Sibiriens

„Als Gott die Schätze der Erde verteilen wollte, erfroren ihm über Sibirien die Hände und die meisten Schätze fielen zu Boden“, so heißt es in einem alten russischen Märchen.

Darin steckt ein Stück Wahrheit, denn Sibirien (das Wort bedeutet „schlafende Erde“) ist sehr reich an Bodenschätzen. Hier lagern 75 Prozent des Erdgases, Erdöls und der Kohle sowie 85 Prozent der Erze und Diamanten von ganz Russland. Die ausgedehnten Wälder der Taiga liefern den Rohstoff Holz für den Export und für die Möbel-, Bau- oder Papierindustrie des Landes.
Entlang der beiden Eisenbahntrassen wurden bis in die 1990er-Jahre mehrere große Industriegebiete errichtet. Heute wollen vor allem junge Leute, auch wegen der gering entwickelten Infrastruktur, nicht mehr in den Wirtschaftsgebieten Sibiriens arbeiten und leben, obwohl die Löhne dort höher sind als in anderen Teilen des Landes.

M2 Bodenschätze aus Sibirien

Info

Verkehrsadern

Zwei Eisenbahntrassen in Südsibirien bilden die Lebensadern dieses Riesenraumes: die 9 297 km lange Transsibirische Eisenbahn (Transsib) und die 4 280 km lange Baikal-Amur-Magistrale (BAM).
Einige Stichbahnen führen weiter in den Norden Sibiriens, ohne jedoch die Eismeerhäfen am Nördlichen Seeweg zu erreichen.
Ein ausgebautes Straßennetz existiert nicht. In den langen Wintern dienen die Flüsse als „Eisstraßen“. Hubschrauber und Flugzeuge sind lebenswichtige Transportmittel.

Aufgabe

1. **Beschreibe die naturräumliche Ausstattung Sibiriens. Gehe dabei insbesondere auf Naturreichtümer, Klima, Vegetation und Boden ein.**
Arbeitsheft

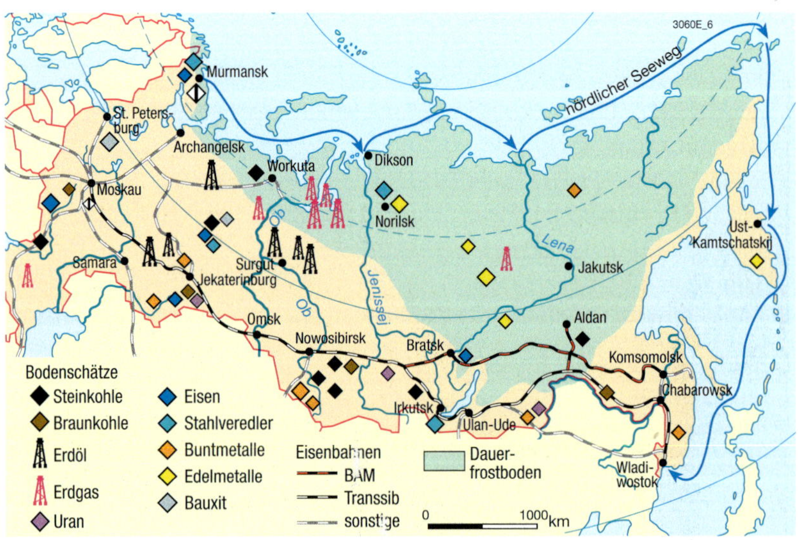

M3 Ausgewählte Bodenschätze Russlands

Schwierige Lebensbedingungen

M4 Erschließungsstraße in Westsibirien

M5 Sibirisches Haus versinkt im Dauerfrostboden.

Bauen auf Dauerfrost

Der Dauerfrostboden taut im Sommer an der Oberfläche auf. Deshalb stehen fast alle Gebäude auf Stahlbetonpfählen. Mit Spezialmaschinen werden sie zehn Meter tief in den Boden gerammt. Die kalte Luft muss unter dem Haus zirkulieren können, damit der Boden nicht auftaut, die Häuser in eine Schräglage kommen oder sogar absinken (M5).
Beim Bau einer Straße muss wegen des Dauerfrostbodens ein mächtiges Schotterbett aufgeschüttet werden. Zusätzlich sind isolierende Baustoffe einzubringen (M4).

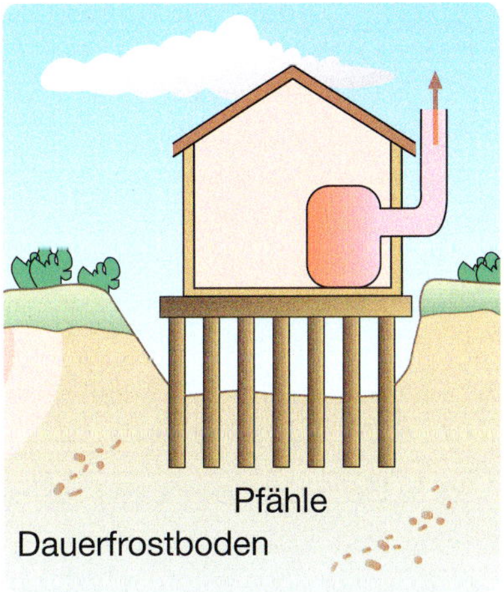

Erlebnisse im Sommer in Jakutien

Wir erreichen das Dorf in der Mittagszeit. Es scheint völlig ausgestorben, nur ab und zu bellen Hunde. In dem kleinen Dorfmuseum empfängt uns der Leiter. Er löst das Rätsel auf: Anfang August sind alle Bewohner zur Heuernte. Es muss für den langen, äußerst kalten Winter vorgesorgt werden. Die Rinder und Pferde benötigen auch bei -40 °C ihr Futter. Etwa vier Tonnen Heu braucht man pro Tier. Später wieder in der Stadt, lesen wir an den Geschäften: „Heute wegen Heuernte geschlossen."

Schülerinnen in Sibirien

Erstaunlich!

In Sibirien gibt es ab –52 °C für die Erst- und Zweitklässler, ab –54 °C für die gesamte Schule „kältefrei". Die Kinder könnten auf dem Schulweg Erfrierungen erleiden. Bei extremer Kälte kann es vorkommen, dass Metall wie Glas splittert und die Haut an Eisenteilen festklebt.
Russische Lastwagen haben oft einen Kohleofen an Bord, damit der Fahrer bei einer Panne nicht erfriert. Pelz ist hier der wichtigste Wärmeschutz für die Menschen.

Aufgaben

2 Das Verkehrsnetz in Sibirien ist gering ausgebaut. Begründe.

3 Beschreibe die schwierigen Lebensbedingungen in Sibirien.

Aufgabe

1 **Analysiere die Holzwirtschaft in der Taiga. Beachte dabei das Leitbild der Nachhaltigkeit (vgl. S. 76).**

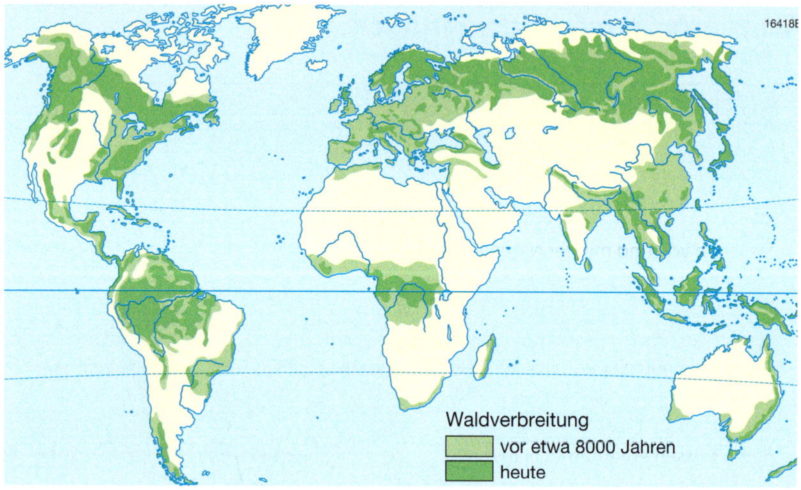

M1 Waldverbreitung früher und heute

M2 2011 hat die UNO zum Jahr der Wälder ernannt. Das ist dringend geboten, denn die weltweite Waldfläche nimmt rapide ab. Alle zwei Sekunden geht Wald in der Größe eines Fußballfeldes endgültig verloren.

Ressource Holz

Die russische Taiga ist ein Teil der nördlichen Nadelwaldzone (M1). In ihr wachsen 57 Prozent aller Nadelbäume der Erde. Sie gilt weltweit als das größte zusammenhängende Waldgebiet. Wegen des rauen Klimas wachsen die Bäume sehr langsam.

Diese wertvolle Landschaft, eine der „grünen Lungen der Erde", ist bedroht.

Russland gehört zu den großen Rohholzexporteuren der Welt. In Sibirien werden Millionen Hektar des Nadelwaldes gnadenlos kahl geschlagen. Daran beteiligen sich russische Firmen und Holzkonzerne aus Japan, Südkorea, den USA und Europa.

Moderne Maschinen fällen im Minutentakt die Bäume und entasten sie. Sie zerstören dabei den Boden für Jahrhunderte. Der Kahlschlag bedroht die natürlichen Lebensgrundlagen der in der Taiga lebenden Völker und Tiere (vgl. Tundra).

Vor allem für die Papierindustrie wird die Taiga ausgebeutet. Von hier kommt der Rohstoff für etwa die Hälfte des weltweit bedruckten Zeitungspapiers. Das harte, wertvolle Holz der Taiga ist 50 Prozent billiger als Tropenholz. Eine Wiederaufforstung geschieht in den meisten Fällen nicht.

M3 Rodungen in der Taiga

Wald- und Tigerschutz im Fernen Osten Russlands

Der Lebensraum und seine Bedrohung

In der Bikin-Region im Fernen Osten Russlands (M5) wohnen die Udegen. Sie leben von und mit der Natur. Auch der vom Aussterben bedrohte Sibirische Tiger findet hier ein Rückzugsgebiet. Seit Jahrzehnten werden die Wälder der Region durch Holzkonzerne ausgebeutet. Besonders das wertvolle Holz der Koreanischen Kiefer ist gefragt. Von deren Nüssen ernähren sich aber die Wildschweine, Rehe und Rothirsche. Diese sind wiederum Beutetiere des Tigers. Auch für die Udegen sind die Nüsse eine wichtige vitamin- und eiweißreiche Delikatesse sowie Erwerbsquelle.

(Nach: www.wwf.de, 08.03.2011)

Am Bikin-Fluss

M4 Sibirischer Tiger

Udegen im abgeholzten Wald

Udegen pachten zusammen mit dem WWF Land

Im direkten Lebensraum der Udegen versuchten Anfang der 1990er-Jahre russische und ausländische Holzkonzerne Genehmigungen für den Holzeinschlag zu bekommen. Dagegen protestierten die Bewohner und verhinderten das Abholzen.
Ende der 1990er-Jahre gelang es ihnen sogar mithilfe des WWF, ein als „Nuss-Sammel-Zone" ausgewiesenes Waldgebiet, so groß wie das Saarland, zu pachten. Die Holzfirmen mussten abziehen. Ranger kontrollieren seitdem, dass nicht gewildert oder illegal Holz geschlagen wird. Ein großer Lebensraum für die Udegen und den Sibirischen Tiger konnte somit für die nächsten 50 Jahre gesichert werden.

(Nach www.wwf.de, 08.03.2011)

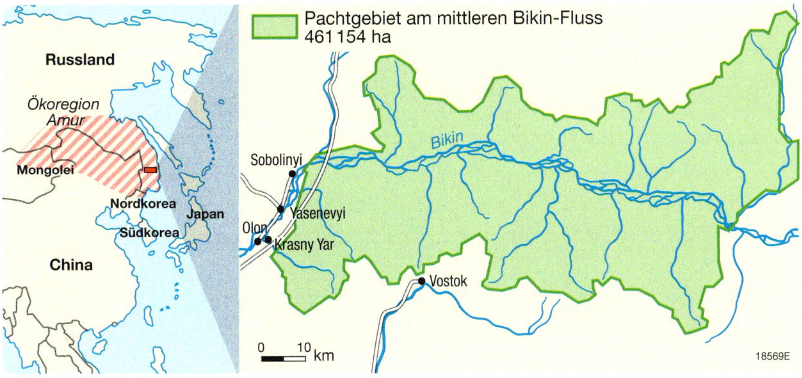

M5 Lage des Pachtgebietes

Aufgabe

2 **Beschreibe das Projekt der Udegen zum Schutz des Waldes und des Sibirischen Tigers.**

gran.baikal.net/whs/de

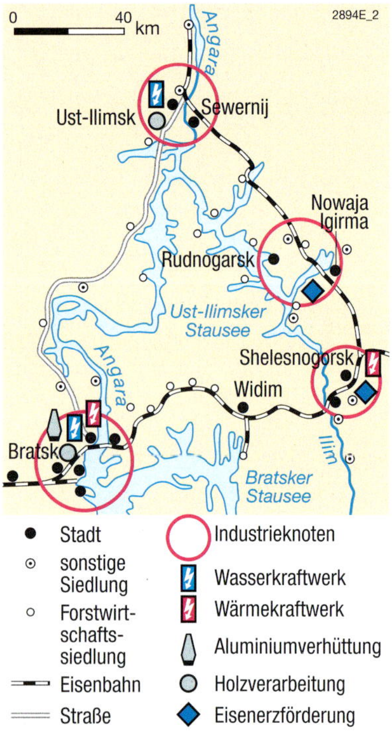

M1 Die Region Bratsk – Ust-Ilimsk

M2 Stausee von Bratsk

Ressource Wasserkraft

Die großen Ströme Sibiriens sind wichtige Transportwege. Sie zählen zu den wasserreichsten Flüssen der Erde. Sie werden seit Anfang der 1950er-Jahre zur Erzeugung von Elektroenergie genutzt. Für die Anlage von Wasserkraftwerken eignen sich besonders die Angara und der Jenisej in ihrem Oberlauf.

Von 1954 bis 1966 wurde das Engtal der Angara 600 Kilometer stromabwärts von Bratsk mit einem Staudamm abgesperrt. Ein Stausee von über 500 Kilometern Länge und ein Flusslaufkraftwerk entstanden. Weitere Kraftwerke an der Angara folgten, sodass der Fluss den Beinamen „elektrischer Fluss" erhielt.

Aufgaben

1 **Erkläre, warum die Angara den Beinamen „elektrischer Fluss" trägt.**

2 **Nenne Standortfaktoren für die Herausbildung des Industrieraumes Bratsk.**

Sajano-Schuschenskoje	6 400 (Jenisej)
Krasnojarsk	6 000 (Jenisej)
Bratsk	4 500 (Angara)
Ust-Ilimsk	4 320 (Angara)
Bogutschany	4 000 (Angara)
Wolgograd	2 541 (Wolga)
Zum Vergleich Deutschland:	*Goldisthal 1060 (Schwarza/Saale)*

M3 Die sechs größten Wasserkraftwerke Russlands (Leistung in Megawatt)

Info

Industrieraum Bratsk

Die Entwicklung der Stadt Bratsk und die sich in der Umgebung angesiedelte Industrie sind eng mit dem Bratsker Wasserkraftwerk verbunden. Die Bereitstellung von großen Mengen Elektroenergie bildet die Voraussetzung für die Ansiedlung zahlreicher unterschiedlicher Industriezweige (M1). Vor allem die energieintensive Aluminiumindustrie nutzt den äußerst billigen Strom (weniger als ein Cent für zehn Kilowattstunden). Der Rohstoff Bauxit für die Aluminiumherstellung wird aus dem Gebiet südlich von Krasnojarsk herantransportiert.

Baikalsee – ein Weltnaturerbe

Superlative und Einzigartigkeit

- größte Süßwasservorräte der Erde
- mit 1 637 Metern der tiefste Süßwassersee der Erde
- mit einem Alter von über 25 Millionen Jahren ältester See der Erde; Grabenbruch, entstanden durch das Auseinanderdriften zweier Kontinentalplatten, See wird pro Jahr jeweils 2 cm breiter und tiefer
- zahlreiche nur hier vorkommende (endemische) Tierarten, z. B. Baikalrobbe, einzige Süßwasserrobbe der Erde, Golomjanka, ein Fisch, der lebend gebärt; Epischura-Krebs, 1,5 Millimeter groß
- Selbstreinigungsprozess durch Kleinstlebewesen, an den meisten Stellen Trinkwasserqualität
- 1996 Aufnahme in die Weltnaturerbeliste der UNESCO

M6 Schamanen-Kultstätte

„Heiliges Meer"

- einige Uferbereiche seit Jahrtausenden besiedelt
- von großer religiöser Bedeutung für das Volk der Burjaten
- viele Kultstätten der Schamanenkultur rund um den See, Insel Olchon im Baikal wichtigste Kultstätte

M7 Zobel

M4 Transsibirien-Express am Ufer des Baikalsees

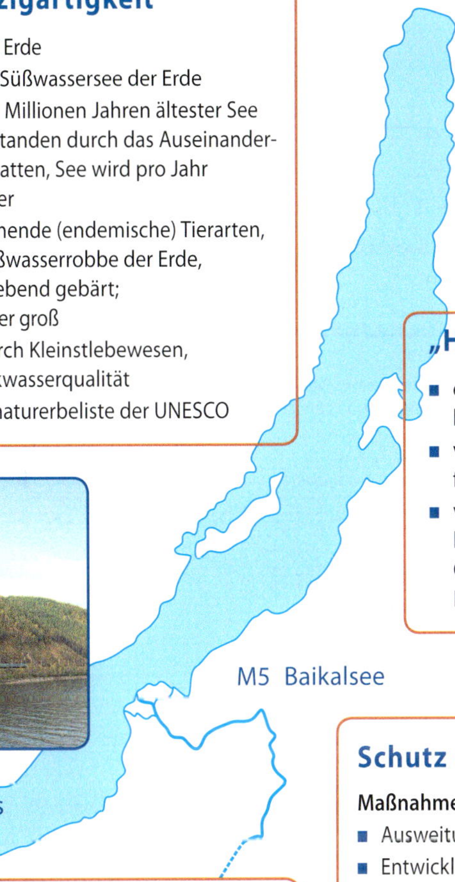

M5 Baikalsee

Schutz des Baikals

Maßnahmen/Empfehlungen:

- Ausweitung der Naturschutzgebiete
- Entwicklung von Öko-, Wellness-, Ski-, Sport- und Kulturtourismus
- Umweltverträgliche Waldwirtschaft und Holzverarbeitung
- Bau und Modernisierung von Kläranlagen
- Umweltbildung, Bildung für nachhaltige Entwicklung

Gefahren für das Weltnaturerbe

- Industrie- und Stadtansiedlungen im Uferbereich; Abwässer fließen teils ungeklärt in den See, besonders die des Zellulosekombinats Baikalsk; Luftverschmutzung
- industrieller Fischfang; Holzeinschlag (Kahlschlag) in Uferbereichen
- Müll durch Tourismus, 700 Tonnen pro Jahr auf der Insel Olchon
- Atom-Mülllager in der Nähe des Baikals geplant
- Erdölpipeline in der Nähe des Nordufers im Bau

Der Baikalsee – „Perle Sibiriens" und Weltnaturerbe

Aufgaben

3 **Beschreibe den Baikalsee als Weltnaturerbe.**

4 **Der Baikalsee ist gefährdet. Nenne Schutzmaßnahmen.**

M1 Natürliche Voraussetzungen für die agrarische Nutzung in Russland

Aufgaben

1 **Werte M1 aus.**

2 **Stelle Zusammenhänge zwischen Klima, Boden und landwirtschaftlicher Nutzung her.**
Arbeitsheft

M2 Das Agrardreieck

Ressource Boden

Nur etwa ein Zehntel der Fläche Russlands ist für den Ackerbau geeignet (M1). Ein Großteil der landwirtschaftlich gut nutzbaren Flächen liegt im europäischen Teil Russlands und gehört zum sogenannten Agrardreieck (M2).

Ein besonders guter Boden, die Schwarzerde, wird in Russland Tschernosem genannt. Sie befindet sich in der Steppe (M1). Das Schwarzerdegebiet ist die „Kornkammer“ des Landes.

Trockenheit und unzureichender Bodenschutz führen in der Steppe oft zu Ernteausfällen. Die großen Ackerflächen liegen nach der Ernte mehrere Monate brach. In dieser Zeit ist der fruchtbare Oberboden ungeschützt der Winderosion ausgesetzt.

In den letzten Jahrzehnten wurden deshalb Bäume und Sträucher als Windschutzstreifen um viele Felder angepflanzt.

Sommer 2010: Extreme Dürre und Brände

Seit Wochen zeigt das Thermometer um die 35° C. Die lang andauernde Hitzewelle hat alles extrem ausgetrocknet. Schon eine weggeworfene Zigarettenkippe genügt, um einen verheerenden Brand auszulösen. Über der Kornkammer Russlands, der „Schwarze-Erde-Region“, liegen dicke, schwarze Rauchwolken. Das Getreide auf den Halmen verdorrt oder wird Opfer des Feuers. Die Getreideproduktion geht durch die Dürre und die Brände um mehr als 20 Prozent zurück. Die Regierung rechnet mit Schäden in Milliardenhöhe und erlässt einen Ausfuhrstopp für Weizen, um die Ernährung im eigenen Land zu sichern.

(Zusammengestellt nach Zeitungsmeldungen)

M3 Landwirtschaftliche Nutzung der Steppe

M4 Vermarktung landwirtschaftlicher Produkte

Probleme der Landwirtschaft

Im ländlichen Raum Russlands leben ca. 30 Prozent der Gesamtbevölkerung. Seit den 1990er-Jahren befindet sich der Agrarsektor in einer Umbruchphase. Insbesondere die Betriebsformen in der Landwirtschaft haben sich seitdem verändert.

Nach 1991 konnten erstmals private kleinbauerliche Familienbetriebe entstehen. Daneben existieren heute landwirtschaftliche Großbetriebe in Form von Aktiengesellschaften, kleinere Genossenschaften und Nebenerwerbswirtschaften (vgl. Info-Kasten).

Die Erträge und die Kosten für landwirtschaftliche Produkte sind nicht mit denen zu vergleichen, die wir in Deutschland erreichen. In einigen Regionen fehlen qualifizierte Arbeitskräfte. Der Lebensstandard der ländlichen Bevölkerung ist im Vergleich zur städtischen weiterhin niedrig.

Seit mehreren Jahren investiert der Staat deshalb viel stärker in den Agrarsektor. Dabei ist es besonders wichtig, die Produktion von Nahrungsmitteln zu erhöhen. Denn Russland muss, obwohl ein führender Getreideexporteur, Fleisch und andere Nahrungsmittel einführen.

Info

Private Nebenerwerbswirtschaften

Um die Nahrungsmittel nicht teuer einkaufen zu müssen, betreiben 90 Prozent der Land- und 60 Prozent der Stadtbevölkerung in ihren Gärten, auf gepachtete Ackerflächen oder auf illegal besetztem Land eine kleine Nebenwirtschaft zur Selbstversorgung. Auf diese Weise werden 91 Prozent der Kartoffeln, 76 Prozent des Gemüses und 55 Prozent des Fleisches in Russland erzeugt.

Aufgabe

3 **Erkläre die Bedeutung der privaten Nebenerwerbswirtschaften.**

Ein Referat halten

So gehst du vor

1. **Materialbeschaffung und -auswertung**
   - Beschaffe dir Informationen aus Zeitungen, Zeitschriften, Büchern, Lexika oder dem Internet.
   - Sichte das Material. Sortiere es nach Themen. Nichtbrauchbares lege zur Seite. Hebe Fotos oder Schaubilder als Anschauungsmaterial für deinen Vortrag auf.

2. **Ausarbeitung des Referats**
   - Erstelle eine Gliederung zum Thema.
   - Sichte das Material und ordne es den einzelnen Gliederungspunkten zu.
   - Schreibe zu jedem Gliederungspunkt Stichworte auf.
   - Arbeite das Referat aus. Plane je nach Länge deines Vortrages drei bis fünf Fotos, Skizzen bzw. Schaubilder ein.
   - Lege Stichwortzettel an, auf denen du wichtige Passagen deines Vortrages in kurzen Sätzen oder Stichpunkten notierst.
   - Überlege dir einen interessanten Anfang.

Info

Referat

Als Referat (abgeleitet vom lateinischen Wort „referere", was „mitteilen, berichten" bedeutet) wird eine schriftliche Abhandlung oder ein mündlicher Vortrag über ein Thema bezeichnet.

Fünf Tipps für einen guten Vortrag

1. Überprüfe kurz vor Beginn, ob alle benötigten Materialien vorhanden sind und an der passenden Stelle bereitliegen.
2. Trage möglichst frei vor. Sprich deutlich und deinem Publikum zugewandt. Sieh nur selten auf deinen Stichwortzettel.
3. Lampenfieber hat jeder. Signalisiere durch eine aufrechte und dennoch lockere Körperhaltung, dass du etwas zu sagen hast.
4. Stelle deine Gliederung vor und verweise während des Vortrages auf die Punkte.
5. Füge einige anschauliche Beispiele und Materialien zur Verdeutlichung und zum Einprägen ein.

M1 Tipps zum Vortrag

M2 Schülerinnen beim Vortrag

Gewusst – gekonnt

ALLES KLAR

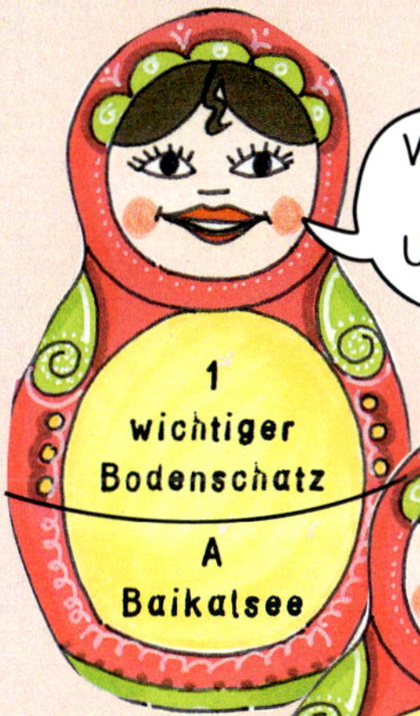

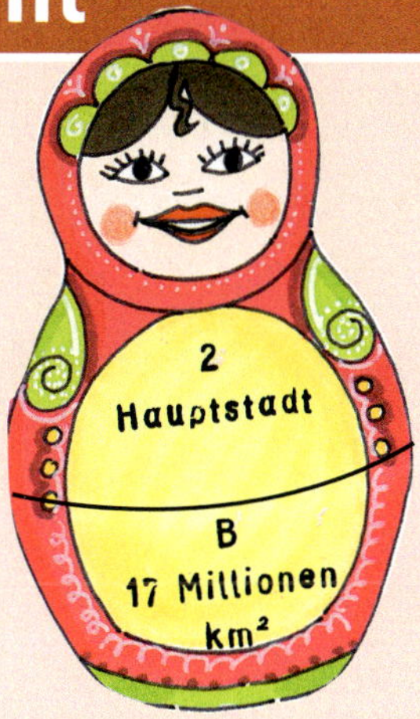

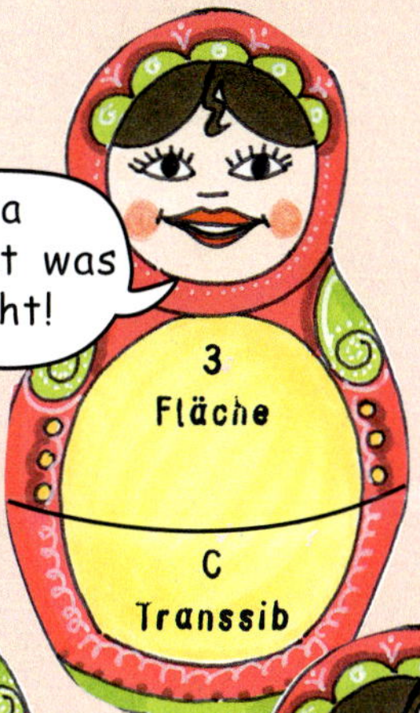

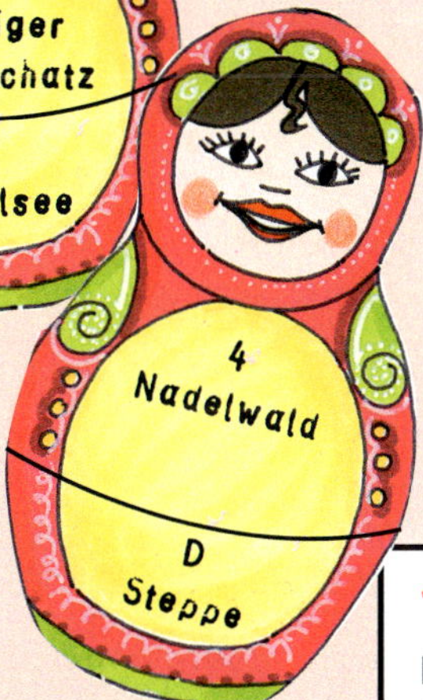

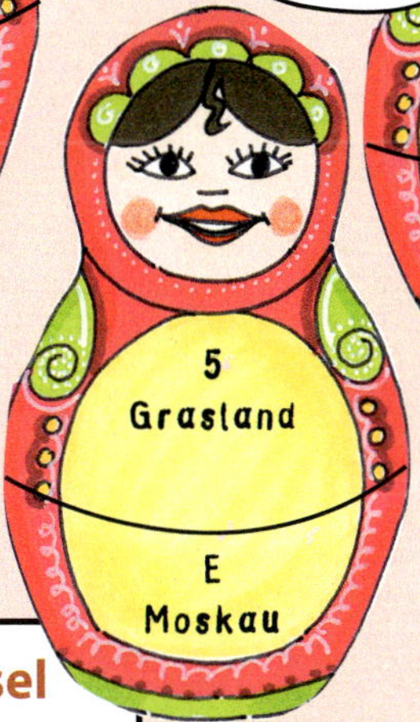

1 Matrjoschka-Rätsel

Beim Zusammenbauen der Matrjoschkas sind offensichtlich Fehler gemacht worden. Setze die oberen und unteren Teile richtig zusammen.

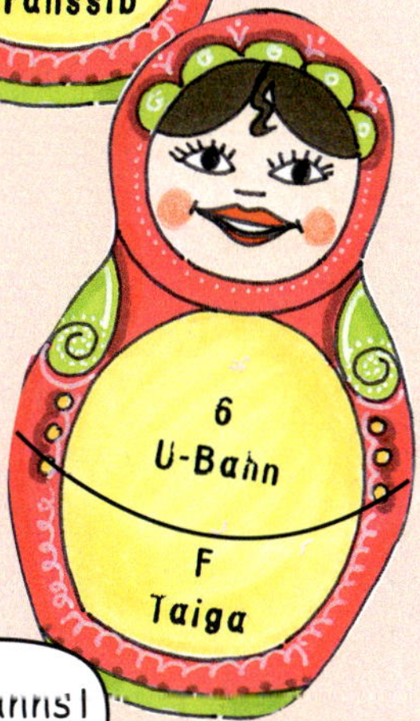

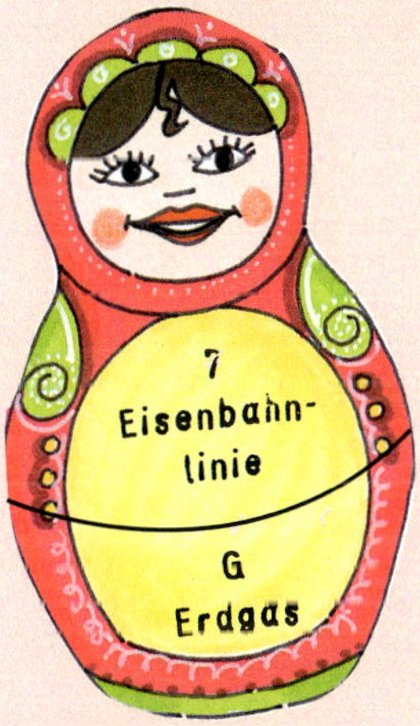

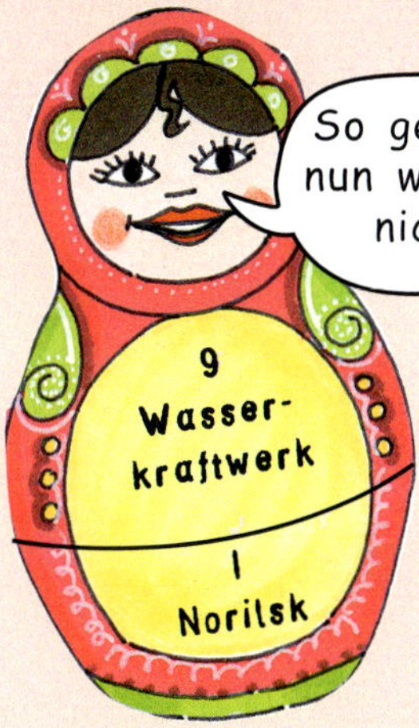

- Russland in verschiedene Ordnungssysteme einordnen (Kulturraum, Gradnetz, Klima- und Vegetationszonen),
- Merkmale der subpolaren und gemäßigten Zone beschreiben, dabei einen Sachtext auswerten,
- die Nutzung von Ressourcen analysieren und unter dem Aspekt der Nachhaltigkeit erläutern.

Du kannst dabei folgende Fachbegriffe anwenden:
subpolare Zone, Tundra, nördliche Nadelwaldzone (Taiga), Zone des Laub- und Mischwaldes, Steppe, Dauerfrostboden, Infrastruktur

Das Weltmeer – mehr als Wasser

- die Gliederung des Weltmeeres beschreiben,
- Meeresströmungen nennen,
- die Nutzung des Weltmeeres, Folgen und Schutzmaßnahmen analysieren.

M1 Containerschiff auf See

Naturraum Weltmeer

Ozean	Größe
Pazifischer Ozean (Pazifik)	180 Mio. km²
Atlantischer Ozean (Atlantik)	106 Mio. km²
Indischer Ozean (Indik)	75 Mio. km²

M1 Ozeane und ihre Größen

Ozean	Graben mit Tiefe
Pazifischer Ozean	Marianengraben, 11 034 m (Witjas-Tiefe)
Atlantischer Ozean	Puerto-Rico-Graben, 9 219 m
Indischer Ozean	Sundagraben, 7 450 m

M2 Ozeane und ihre Tiefen

M3 Meeresboden im westlichen Pazifik

Unser blauer Planet

Über 70 Prozent der Erdoberfläche sind mit Wasser bedeckt. Die drei Ozeane (M1) und ihre zahlreichen Nebenmeere sind eigentlich ein einziges riesiges Weltmeer.

Sie sind alle miteinander verbunden und tauschen durch Meeresströmungen Wasser miteinander aus.

Im Laufe der Erdgeschichte hat sich die Verteilung von Wasser und Land auf der Erdoberfläche durch plattentektonische Prozesse ständig verändert.

Wir Menschen nutzen das Weltmeer heute sehr vielfältig. Als eine unserer Lebensgrundlagen muss es aber auch geschützt werden.

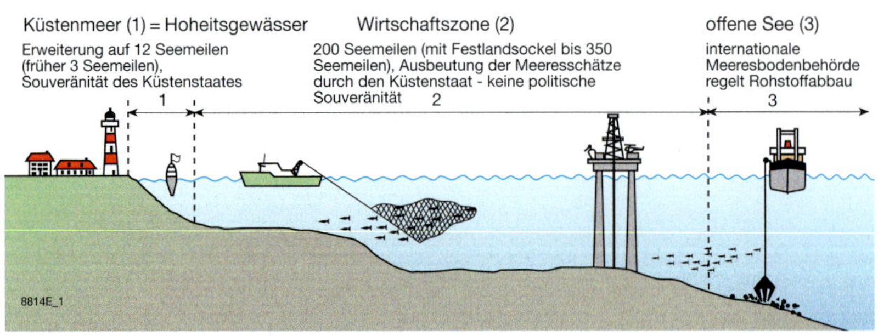

M4 Gliederung nach Internationalem Seerecht

Info

Moderne Piraterie

Immer wieder versetzen Überfälle, z. B. in den internationalen Gewässern vor Somalia, die Handelsschifffahrt und Weltöffentlichkeit in Aufregung. Piraten kapern Schiffe, dirigieren sie in somalische Hoheitsgewässer und geben sie erst frei, nachdem für Besatzung und Schiff ein hohes Lösegeld gezahlt wurde. Staaten haben sich zum Schutz vor Piraterie zusammengeschlossen. Sie kontrollieren gefährdete Gewässer zum Schutz der Handelsschiffe, notfalls mit Waffengewalt.

Aufgabe

1 **Beschreibe Gliederungen des Weltmeeres.**
Arbeitsheft

Mit der „Nautik" in die Tiefen des Atlantiks

Im Schelfbereich bis 200 Meter Tiefe: Im dämmerigen Licht ziehen riesige Schwärme von Heringen und Schellfischen an uns vorbei. Auf dem schlammigen und sandigen Schelfboden wogen Seegraswiesen auf weiten Flächen. Hier gibt es noch genügend Licht und Nährstoffe für Pflanzen und Meerestiere.

Den Kontinentalhang hinab: Wir tauchen nun in die Tiefsee ab. Bald beginnt die ewige Dunkelheit. Der Druck auf unser Boot nimmt immer mehr zu. Die Wassertemperatur beträgt 4 °C. Seltsame Unterwasserwesen (M5) befinden sich hier im ständigen Kampf um die wenige Nahrung. Es gibt zum Beispiel Fische mit hoch empfindlichen Teleskopaugen, mit denen sie ihre Beute in der Dunkelheit ausmachen.

Am Mittelatlantischen Rücken in 2 000 Metern Tiefe: Schwarz quillt eine 350 °C heiße Wolke aus säulenartigen Röhren – sogenannten „Schwarzen Rauchern" (M6). Hier erhitzt sich das Tiefseewasser in Rissen und Spalten über heißem Magma. Nur an dieser Stelle können wir in der ansonsten lebensfeindlichen Tiefsee Leben begegnen, zum Beispiel Röhrenwürmern, Krebsen und Seeanemonen.

Am Meeresboden in 4 000 Metern Tiefe: Die Wassertemperatur liegt bei 0 °C. Der Wasserdruck ist 400-fach höher als an der Oberfläche. Unter diesem Druck, ohne Licht und Sauerstoff können nur noch sehr wenige angepasste Lebewesen existieren. In unserem Scheinwerferlicht sehen wir Scharlachgarnelen in grellroter Tarnfarbe, da ohne Licht Rot wie Schwarz aussieht. Wir sind im Reich der Finsternis.

M5 Tiefseebewohner

M6 „Schwarze Raucher"

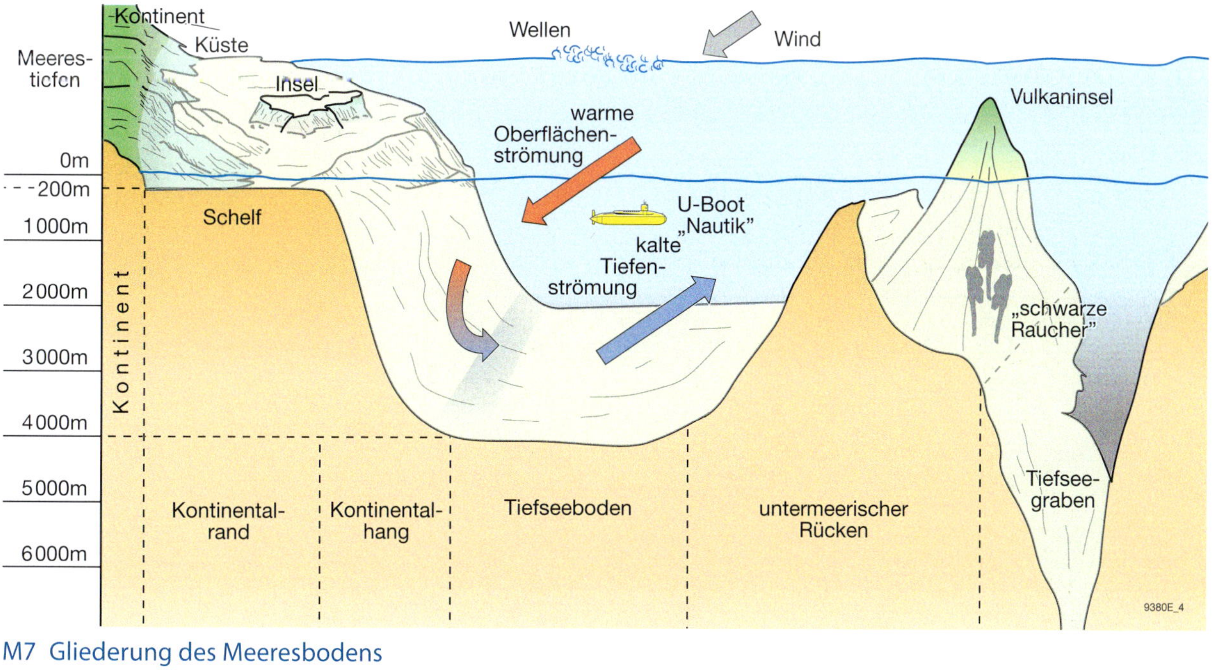

M7 Gliederung des Meeresbodens

Das Weltmeer – mehr als Wasser

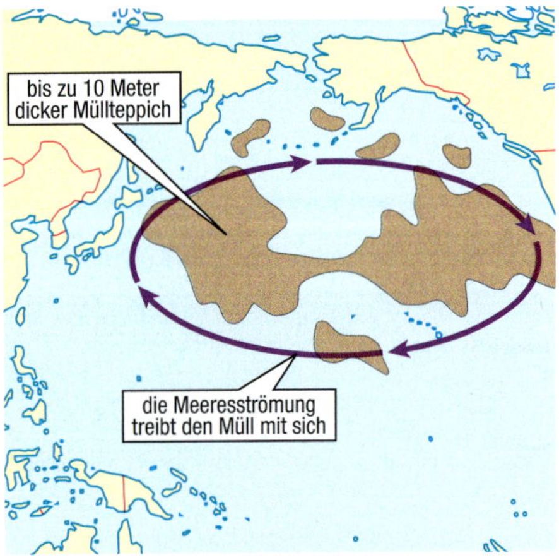

M1 Müllstrudel im Pazifik

Meere in Bewegung

Neben den Wellen, die durch Winde entstehen und Seegang hervorrufen, gibt es in den Ozeanen großräumige Meeresströmungen (M2).

Sie sind entscheidend am globalen Wasser- und Wärmeaustausch beteiligt und beeinflussen damit das Klima in den jeweiligen Regionen. Das auffälligste Merkmal der Meeresströmungen ist ihre Gestalt in Form von Strömungskreisen.

Man unterscheidet Oberflächen-, Tiefen- und Auftriebsströmungen. Sie können Strömungsgeschwindigkeiten von bis zu 60 Kilometern pro Tag erreichen.

Die für Europa bedeutsamste Strömung ist der Golfstrom (M2). Er beeinflusst die Wassertemperaturen bis in 2 000 Meter Tiefe. Noch vor der norwegischen Küste weist er relativ hohe Temperaturen auf. Die Häfen sind dort fast immer eisfrei.

Aufgaben

1. **Beschreibe Wirkungen von Meeresströmungen und Monsterwellen.**
2. **Informiere dich über Müllstrudel in den Ozeanen im Internet.**

Der lange Weg der Plastikenten

Im Januar 1992 verlor ein Frachter aus Hongkong im Ostpazifik einige Container mit knapp 29 000 Spielzeugtieren. Die Behälter öffneten sich und die Plastikobjekte schwammen auf dem Weltmeer dorthin, wo die Strömung sie hintrieb. Zwei Drittel trieben nach Süden. Einige Exemplare wurden in Australien, Indonesien und Südamerika gefunden.
Etwa 10 000 der Figuren gelangten in nördlicher Richtung durch das Beringmeer in Richtung Alaska, wo einige im Eis festfroren und andere strandeten. Im Jahr 2000 wurden einige Plastikenten im Nordatlantik zwischen Maine und Massachusetts gesichtet.

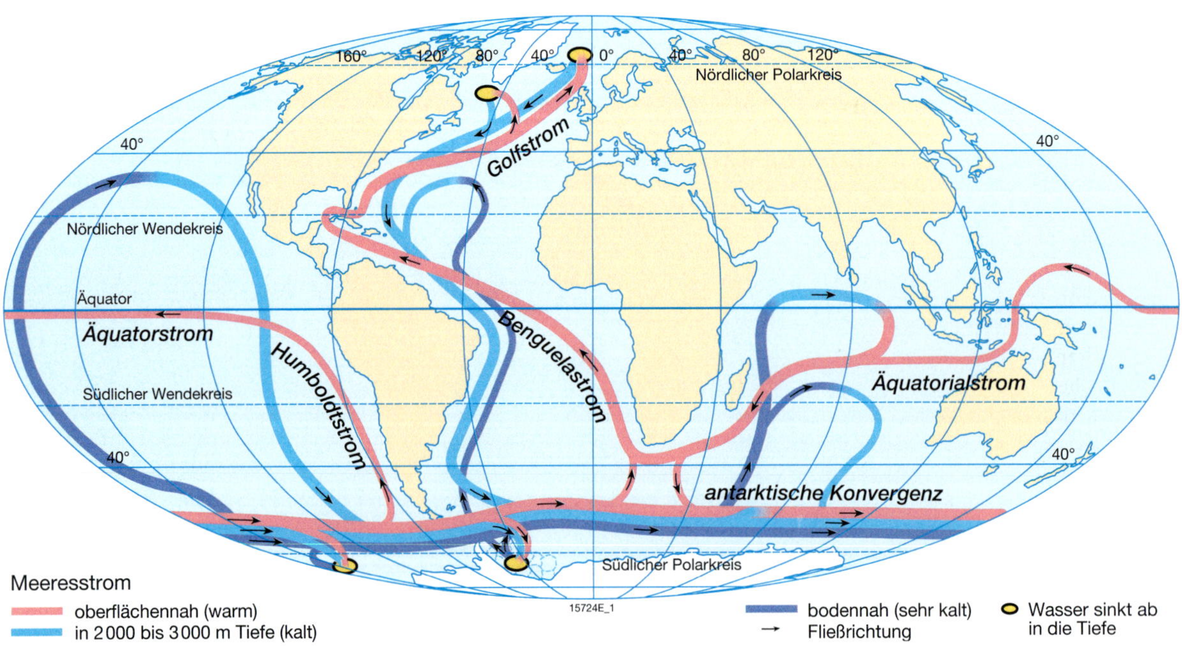

M2 Meeresströmungen

M3 Big-Wave-Surfer

M4 Eine Monsterwelle bedroht ein Frachtschiff.

Wellen und Monsterwellen

Sich bei einem Badeurlaub am Meer in die Wellen werfen, das ist ein wahres Vergnügen. Wenn aber die rote Fahne am Strand aufgezogen ist, heißt das Badeverbot für alle. Hohe Wellen treffen dann mit Wucht auf die Küste und Unterströmungen treten auf.

Die Wellen entstehen durch Bewegungen des Meeres. Ursache dafür können der Wind oder Seebeben sein. Letztere lösen Tsunamis (japanisch: „Große Welle im Hafen") aus. Sie können, wie in Japan im März 2011, verheerende Auswirkungen haben.

www.helles-koepfchen.de
Suchbegriff: Tsunami

www.br-online.de/Kinder/fragen-verstehen
Suchbegriff: Monsterwellen

Monsterwellen auf dem Meer – nur Seemannsgarn?

Kapitän Appel ist die Angst noch immer anzumerken, auch Jahre nach dem Unfall. Eine riesige, fast 40 Meter hohe Wasserwand hatte sich aus dem Nordatlantik erhoben und sein Containerschiff wie ein Spielzeug herumgeworfen.
Noch vor wenigen Jahren hätte kaum jemand seinen Erzählungen geglaubt. Berichte über Monsterwellen galten als Seemannsgarn. Mit Satelliten wurden inzwischen aber zahlreiche Riesenwellen aufgespürt. Im Nordatlantik tauchen die meisten auf: Zwei bis drei Wasserwände pro Woche erheben sich dort aus dem Meer. Getroffen werden Schiffe und auch Bohrinseln. Voraussagen lassen sich solche „Kaventsmänner", wie die Seeleute dazu sagen, nicht. Sie tauchen wie aus dem Nichts auf.

(Nach: Forscher erkennen Monsterwellen. www.spiegel.de/wissenschaft, 12.03.2011)

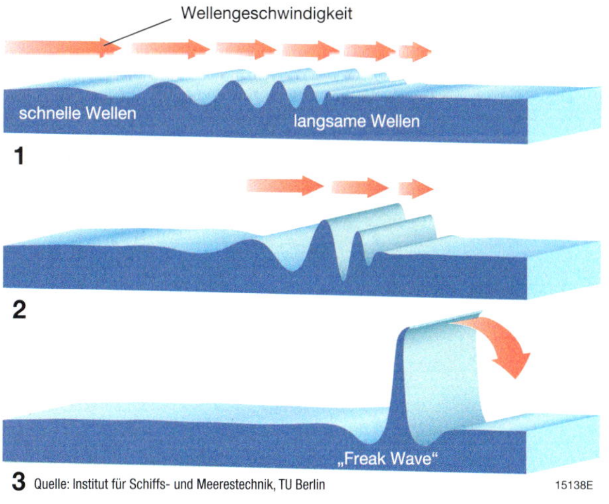

M5 Entstehung von Monsterwellen auf dem Meer

Wirtschaftsraum Weltmeer

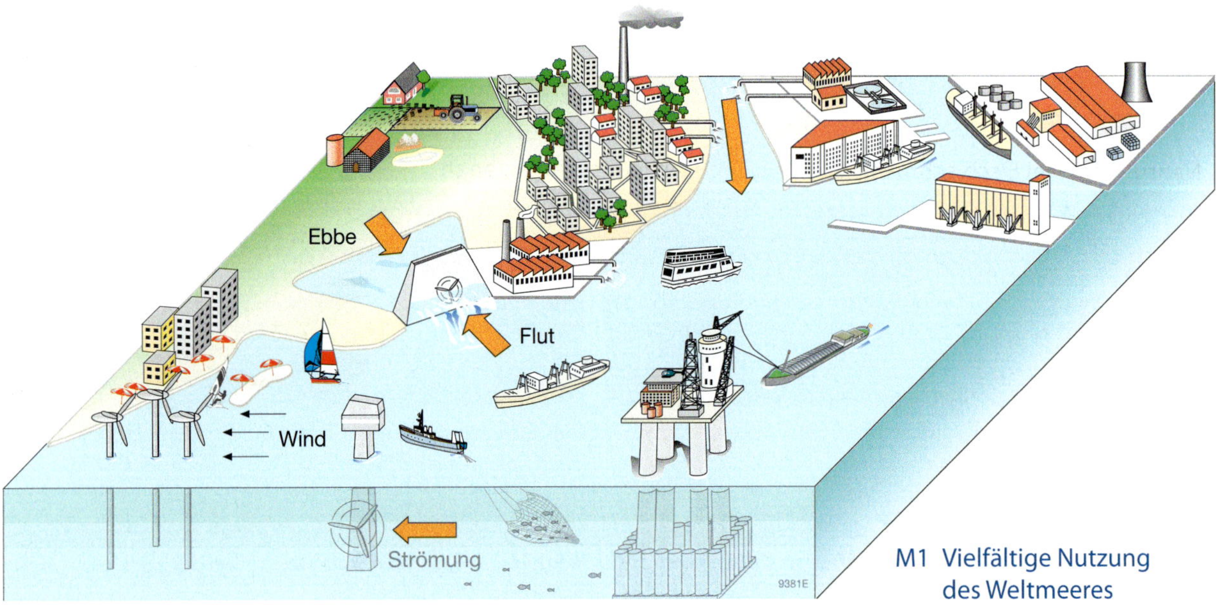

M1 Vielfältige Nutzung des Weltmeeres

Nutzungsmöglichkeiten

www.wasserbus.de/wasserstoff/meere

Info

Manganknollen

Mangan ist ein Metall. Es kommt in der Tiefsee in Knollenform vor. Man schätzt, dass Manganknollen mindestens zehn Prozent der Ozeanböden bedecken. Die Förderung von Manganknollen ist noch kompliziert.

Wasser, Meeresboden sowie Pflanzen und Tiere des Meeres sind eng miteinander verbunden. Das Meer dient dem Menschen als schier unerschöpfliche Rohstoffquelle sowie als Verkehrs- oder Freizeitraum.

So nutzt der Mensch die Meere:
- zum Fischfang,
- zur Gewinnung von Meersalz und Trinkwasser,
- als Verkehrsweg für den weltweiten Schiffsverkehr,
- für Erdöl- und Erdgasleitungen, für Kabel aus Glasfasern und Kupfer zur Telekommunikation, die am Meeresboden verlegt sind,
- Ausbeutung der reichen Vorkommen von Erdöl- und Erdgas unter dem Meeres-boden oder von Erzen auf dem Meeresboden,
- als unerschöpfliche Energiequelle zur Gewinnung von Strom, zum Beispiel durch Nutzung von Ebbe und Flut in Gezeitenkraftwerken, durch Meeresströmungskraftwerke oder durch Windräder im Küstenbereich,
- als Apotheke der Zukunft durch Nutzung der unzähligen Algen und Bakterien im Meer sowie der über 500 000 Meerestierarten,
- für den Tourismus.

Aufgabe

1 **Erläutere, warum die Meere ein wichtiger Wirtschaftsraum sind (M1).**

Nahrungsmittel aus dem Meer

Als Brathering aus der Dose, als Schlemmerfilet aus der Tiefkühltruhe, als eingelegter Rollmops oder als paniertes Fischstäbchen – so lässt sich der Mensch das Nahrungsmittel Fisch schmecken.

Fische kommen aber nicht in allen Meeresregionen in großen Mengen vor. Reiche Fischgründe sind in der Regel dort zu erwarten, wo kalte und warme Meeresströmungen aufeinander treffen (S. 118, M2).

Wegen ihres Reichtums an Plankton sind auch die flachen Schelfbereiche der Ozeane ergiebige Fischgründe. Aber seit Jahren gehen die Fangmengen weltweit zurück. Ganze Meeresregionen sind schon leer gefischt. Gefordert werden mehr Schutzgebiete, in denen nicht gefischt werden darf oder in denen Fangquoten gelten. Eine Bedrohung für den Fischbestand ist auch die illegale Fischerei.

M2 Hochseefischerei

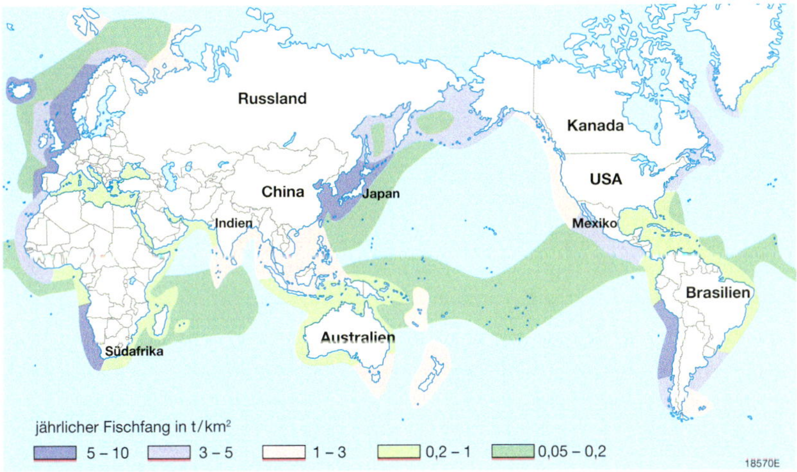

M3 Fischfang in den Ozeanen

Aufgaben

2 **Beschreibe, wie aus dem Meer Salz gewonnen wird.**

3 **Informiere dich in Lexika und im Internet über weitere Salzarten und ihre Verwendung.**

Salzgewinnung aus dem Meer

Die Meersalzgewinnung war zu allen Zeiten ein wichtiges Verfahren der Salzproduktion. Möglich ist sie dort, wo die Temperaturen so hoch sind, dass Wasser auf natürlichem Wege verdunstet.
Die Salzgewinnung erfolgt in sogenannten „Salzgärten". Das in diese Becken eingeleitete Meerwasser verdunstet langsam. Salz bleibt zurück. Mithilfe eines Schabers (einem Brett an einem langen Stiel) schiebt dann ein „Salzgärtner" das Salz zusammen und schüttet es zum Trocknen neben den Becken auf.

Salzgärten

Salzgärtner

Das Weltmeer – mehr als Wasser

Etwa zwei Drittel der Erdölproduktion der Welt werden mithilfe von Offshore-Anlagen gewonnen. Neben dem Golf von Mexiko zählt die Nordsee zu den größten Förderregionen.

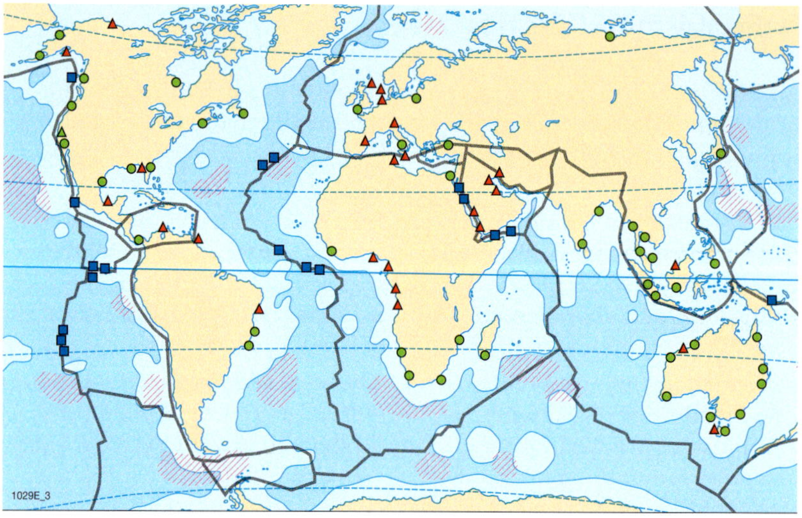

M1 Rohstoffe auf dem Meeresboden

Aufgaben

1 **Erläutere, dass das Weltmeer ein wichtiger Rohstoff- und Energielieferant ist.**

2 **Ermittle und begründe wichtige Schifffahrtsrouten (M5 und Atlas).**

Physik

Energielieferant Meer

Das Ende der Förderung von Energieträgern wie Kohle oder Erdöl ist abzusehen. Der Energiebedarf der Menschheit ist aber nach wie vor sehr hoch. Deshalb versucht der Mensch in immer stärkerem Maße, die gewaltige Energie des Weltmeeres, die sich außerdem ständig erneuert, zu nutzen.

Schon jetzt wird an Küsten, wo die Gezeiten stark ausgeprägt sind, in Gezeitenkraftwerken Elektroenergie gewonnen.

In Europa liefern Offshore-Anlagen zurzeit drei Viertel der Windenergie. Dänemark ist mit dem Windpark vor Vindeby in der Ostsee europaweit führend. In vielen anderen europäischen Ländern bestehen ebenfalls Pläne zur Errichtung von Offshore-Windparks (M2).

Innerhalb der Zonen, die für die Windanlagen vorgesehen sind, kann es aber zu Nutzungskonflikten mit der Schifffahrt oder der Fischerei kommen.

M2 Offshore-Windpark

M3 Gezeitenkraftwerk am Atlantik bei St. Malo

Verkehrsraum Weltmeer

Im Welthandel werden jährlich etwa vier Milliarden Tonnen Handelsgüter über die Ozeane transportiert.
Das ist mehr als die fünffache Gütertransportmenge aller Eisenbahnen der Erde zusammen. Die Welthandelsflotte verfügt heute über ca. 39 000 Schiffe mit einer Ladefähigkeit von 762 Millionen dwt (deadweight tonnage bzw. Ladungsmasse in Tonnen).

Viele Schiffe fahren unter so genannten Billigflaggen. Um Kosten zu sparen, lassen Reedereien ihre Schiffe in bestimmten Ländern registrieren. Diese Länder nennt man Billigflaggenländer (M4). Die meisten Schiffe, die dort gemeldet sind, gingen noch nie in ihrer „Heimat" vor Anker.

Die Reedereien sparen damit Steuern und umgehen höhere Lohnkosten im Heimatland. Vor allem sind die Sicherheitsbestimmungen in den Billigflaggenländern weniger streng. Immer wieder lösen solche Schiffe Katastrophen aus und verschmutzen die Ozeane. Die natürlichen Gegebenheiten des Meeres (Strömungen, Nebel, Stürme) sind für den Seeverkehr immer weniger entscheidend. Moderne Orientierungsmethoden mit Satellitentechnik und optimierte Fahrtrouten tragen zur Steigerung des Seehandels bei. Gleichzeitig verbessern sich die Umschlagstechniken und die Sicherheit in den Häfen.

M4 Die wichtigsten Billigflaggenländer nach Anzahl der Schiffe und Ladung

Info

Erholungsraum Meer

Der Kreuzfahrttourismus liegt voll im Trend. Ältere und einkommensstarke Gäste sind die reisefreudigste Zielgruppe dieser Tourismusart.
Das beliebteste Kreuzfahrtziel ist die Karibik. Gefragt sind außerdem der Mittelmeerraum, Nordeuropa, Alaska und Ozeanien.

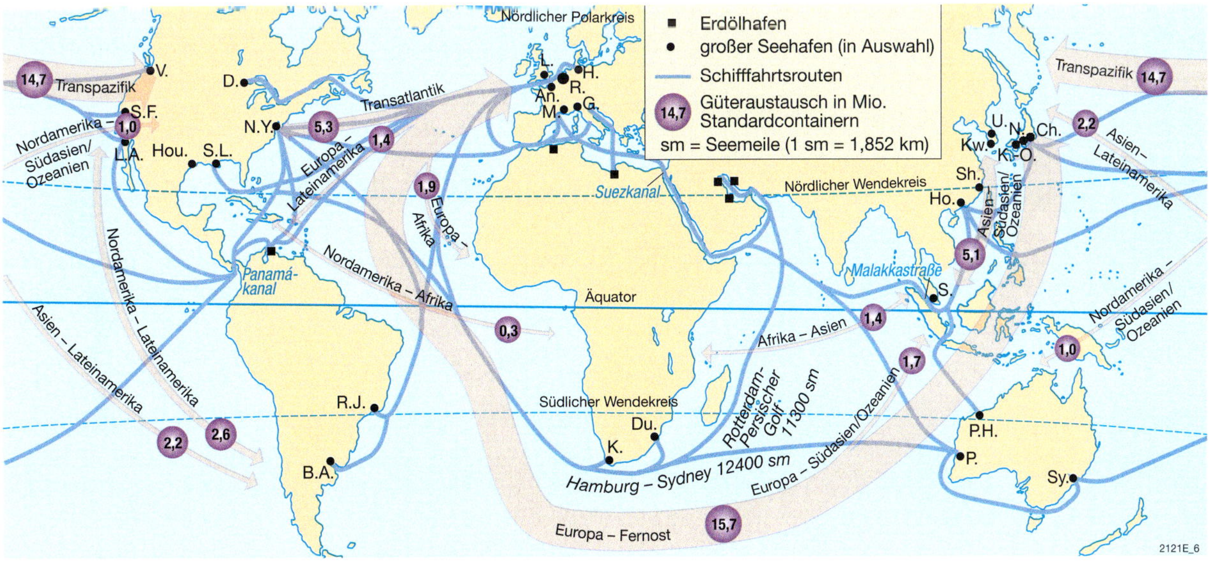

M5 Wichtige Seehäfen und Schifffahrtsrouten

Gefährdung und Schutz des Weltmeeres

Aufgaben

1 **Öl- und Algenteppiche belasten die Meere stark. Erläutere Ursachen und Folgen.**

2 **Nenne Maßnahmen zum Schutz des Weltmeeres.**

Der Mensch nutzt nicht nur das Meer, er belastet das Meer auch in erheblichem Ausmaß. Immer wieder verunglücken Öltanker im Schelfbereich der Meere. Dadurch bilden sich riesige Ölteppiche, die schließlich die Meerestiere vergiften, die Vogelwelt schädigen und die Küsten verschmutzen.

Eine bewusste Verschmutzung der Meere durch den Menschen ist das sogenannte „Verklappen". Frachtschiffe fahren dabei auf das offene Meer und entsorgen Problemmüll auf hoher See.

Ungünstig wirken sich auch die Nähr- und Schadstoffe aus, die von den Flüssen ins Meer eingetragen werden. Diese stammen von den Industrie- und Haushaltsabwässern, aber auch aus der Düngung landwirtschaftlicher Flächen.

Zu viele Nährstoffe fördern im Meer das Wachstum riesiger Algenteppiche. Giftige Schadstoffe hingegen schädigen die Meerestiere und können über die Nahrungskette auch beim Menschen Krankheiten hervorrufen.

M1 „Algenteppich" auf dem Mittelmeer

M2 Löscharbeiten an einem havarierten Tanker

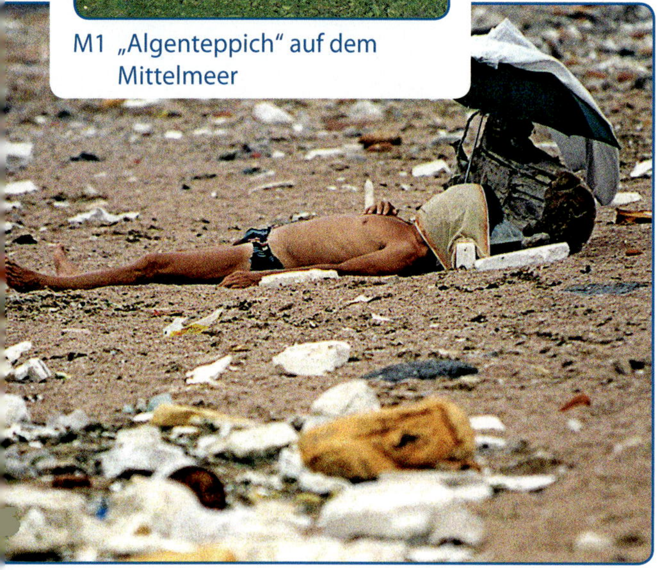

M3 Erholung am Strand?

Ist das Weltmeer noch zu retten?

Die Verschmutzung des Weltmeeres hat große Ausmaße angenommen. Seine Größe macht aber eine Überwachung nahezu unmöglich. Ein Vertrag der UNO regelt seit 1994, was erlaubt oder verboten ist.

Als eine wichtige Maßnahme wird die Einrichtung von Meeresschutzgebieten angesehen. Darin sollte die menschliche Nutzung, wie Fischerei, Förderung von Bodenschätzen und auch der Kies- und Sandabbau nicht erlaubt sein.

www.stiftung-meeresschutz.org

Gewusst – gekonnt

ALLES KLAR

1 Nenne mindestens fünf Nutzungsarten des Weltmeeres.

Beschreibe an zwei Beispielen Gefährdungen für das Weltmeer.

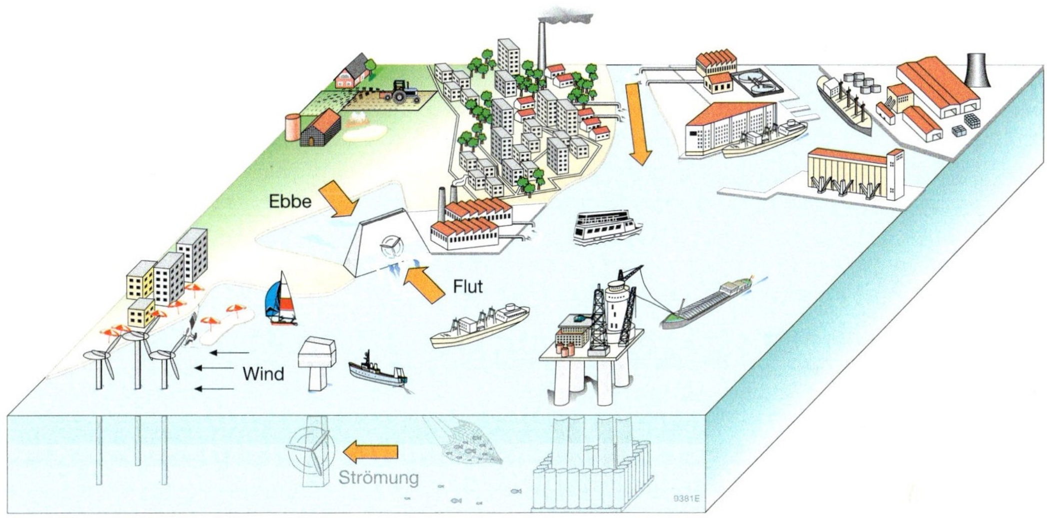

2 Kreuze die richtige Antwort an.

Arbeitsheft

a) Der Benguelastrom ist
- ☐ ein Schiffsweg
- ☐ eine Meeresströmung
- ☐ ein Kanal
- ☐ eine Hochspannungsleitung

b) Der Panamákanal verbindet
- ☐ Nord- und Ostsee
- ☐ Pazifik und Atlantik
- ☐ Mittelmeer und Rotem Meer
- ☐ Atlantik und Mittelmeer

3 Löse das Meeres-Kreuzworträtsel

Arbeitsheft

1 Erdölförderanlage im Meer
2 Ort zum Be- und Entladen von Schiffen
3 Küstennaher Bereich der Meere
4 Wechsel von Ebbe und Flut

1	☐	O	☐	☐	I	☐	☐	E	☐			
					2	☐	☐	☐	☐	N		
		3	☐	☐	☐	E	☐	☐				
				4	☐	☐	☐	☐	I	☐	☐	☐

- das Weltmeer gliedern,
- das Wirken von Meeresströmungen und Wellen beschreiben,
- die vielfältige Nutzung des Weltmeeres analysieren und Folgen aufzeigen,
- Schutzmaßnahmen ableiten.

Du kannst dabei folgende Fachbegriffe anwenden:
Meeresströmung, Welthandel

Minilexikon

Bevölkerungsentwicklung (Seite 20)
Als Bevölkerungsentwicklung bezeichnet man den Prozess des Anwachsens, Schrumpfens oder Gleichbleibens der Einwohnerzahl eines Landes, einer Stadt, einer Gemeinde oder einer Region.

Dauerfrostboden (Seite 97)
Ein ganzjährig bis in große Tiefen gefrorener Boden, der in den Sommermonaten nur oberflächlich auftaut, typisch für die Tundra.

Industrieland (Seite 28)
Ursprünglich: Land, in dem die Industrie den bedeutendsten Zweig der Wirtschaft darstellt, im Gegensatz zum Agrarland. Heute: Land, das sehr weit entwickelt und wirtschaftlich stark ist. Oft ist heute der Dienstleistungsbereich der wichtigste Wirtschaftszweig.

Infrastruktur (Seite 104)
Dazu zählen alle Einrichtungen, die zur Entwicklung eines Raumes notwendig sind, wie z.B. Verkehrswege, Wasser- und Stromleitungen, Entsorgungsanlagen, Bildungs- und Erholungseinrichtungen, Krankenhäuser.

Meeresströmung (Seite 118)
Bewegung von Wassermassen im Weltmeer. Gut erforscht sind die Oberflächenströmungen. Daneben sind auch Tiefen- und Ausgleichsströmungen am Wasseraustausch beteiligt. Auftriebsströmungen bringen kaltes und nährstoffreiches Wasser an die Oberfläche.

Monsun (Seite 14)
Beständig wehende, halb jährlich die Richtung wechselnde Winde in den Tropen.

Nachhaltigkeit (Seite 76)
Im Rahmen der Agenda 21 erklärten 178 Staaten Nachhaltigkeit zu einem wichtigen Ziel ihrer Entwicklung. Nachhaltig zu leben bedeutet, dass man bei der Deckung seiner Bedürfnisse immer darauf achtet, dass keine Schäden (z. B. ökologische oder wirtschaftliche) entstehen, die zukünftigen Generationen das Leben auf unserem Planeten erschweren.

Nördliche Nadelwaldzone (Taiga) (Seite 94)
Große zusammenhängende Nadelwaldzone in Europa, Amerika und Asien. Sie liegt in der gemäßigten Klimazone und existiert nur auf auf der Nordhalbkugel.

Ressource (Seite 78)
Ressourcen sind z. B. Rohstoffe, aber auch Umweltgüter wie Luft und Wasser, die für die wirtschaftliche Tätigkeit des Menschen erforderlich sind.

Schwellenland (Seite 30)
Land, das in seiner Entwicklung verhältnismäßig weit fortgeschritten ist – es befindet sich an der Schwelle zum Industrieland. Merkmale sind z.B. ein wachsendes Pro-Kopf-Einkommen der Bevölkerung, ein wachsender sekundärer Sektor (Industrie) und ein zunehmender Export von Industriewaren.

Steppe (Seite 94)
Waldfreies Grasland in der gemäßigten Zone bzw. im Hochgebirge. Typisch sind die sommerliche Trockenzeit und geringe Jahresniederschläge (ca. 400 – 600 mm). Die Steppe ist die Heimat unserer Getreide.

Subpolare Zone (Seite 96)
Durch kurze kühle Sommer und lange, kalte Winter gekennzeichnete Klimazone im Übergangsbereich zwischen gemäßigter und polarer Zone.

Tundra (Seite 94)
Baumlose Landschaft der Polarregion mit spärlichem Pflanzenwuchs und Dauerfrostboden. Die Zeit, in der Pflanzen wachsen können, ist kürzer als drei Monate, und die mittlere Temperatur des wärmsten Monats liegt unter 10°C.

Verstädterung (Seite 68)
Zunahme der Stadtbevölkerung gegenüber der Landbevölkerung. Sie wird meist durch Landflucht ausgelöst.

Welthandel (Seite 123)
Importe und Exporte aller Länder der Erde, d. h. der Austausch von Gütern und Dienstleistungen über die jeweiligen Staatsgrenzen hinweg.

Wirbelsturm (Seite 16)
Ein sich kreisförmig bewegender, wandernder Luftwirbel, der in tropisch-warmen Gewässern der Ozeane entsteht. Tropische Wirbelstürme können Sturmfluten erzeugen und an den Küsten verheerende Zerstörungen anrichten.

Zone des Laub- und Mischwaldes (Seite 94)
Typische Vegetation in der gemäßigten Zone. Die Bäume werfen im Herbst aufgrund der sinkenden Temperaturen und der abnehmenden Helligkeit regelmäßig ihr Laub ab. Kennzeichnende Bäume sind Eichen und Buchen.

Weitere Autoren
Matthias Bahr, Kerstin Bräuer, Wilfried Büttner, Hans Dimpfl, Thomas Eck, Dieter Engelmann, Peter Gaffga, Häusler, Günter Herrmann, Holger Kerkhof, Hartmut Kowalke, Norma Kreuzberger, Wolfgang Latz, Anne-Kathrin Lindau, Hans Müller, Heidemarie Müller, Friedrich Pauly, Frank Prehl, Hans-Joachim Pröchtel, Bernd Raczowsky, Ines Rittemann, Gerhard Sasse, Thomas Seidl, Veronika Selbach, Ralf Tieke, Walter Weidner und Dorothea Wiktorin.

Quellenverzeichnis

|alamy images, Abingdon/Oxfordshire: 75.4; David Sanger Photography 75.3; Henry Westheim Photography 47; Richard Smith 66 M3. |alimdi.net, Deisenhofen: Josef Beck 31 M7. |© Arsenal/SammlungRichter, Wetzlar: Yu-Gi-Oh! / Yugio, TV-Serie, JP 1998-2006 25.1. |BASF Bilddienst, Ludwigshafen: Pressefoto 99.1. |Bilderberg, Hamburg: Reiser 91 M5. |Biosphoto, Berlin: Gunther Michel 12 M1. |Blickwinkel, Witten: R. Puppetti 12.1. |BluePlanetPicture GmbH, Wathlingen: 61 M3. |Colditz, Margit, Halle: 8.2, 9.4, 33.2, 39 M3, 48 M3, 50 M1, 50 M4, 121.3. |Demmrich, André, Berlin: 54 M1c, 121.2. |Deutsche Bahn AG, Leipzig: Frank Kniestedt 81 M6. |Domrös, Manfred, Mainz: 31 M4. |dreamstime.com, Brentwood: Alexmax 74 M1; Blackred 93 M8; Chiakto 19 M5; Daniela Lenzinger 9.3; Ernst Cerjak 30.1; Prashant Vaidya 4 M2, 37; Samrat35 60 M1, 69 M2; Steve Allen 54 M1b; Vladitto 89 M3; Wong Hock Weng John 15 M4. |Eastblockworld.com, Elmenhorst: TASS/Kotlyakov 82. |Eritt, Frank, Leipzig: 80 M3. |Evonik Industries AG, Konzernarchiv, Hanau/Marl: 104 M2a. |EyeUbiquitous, Berlin: Hutchison 97.1. |Focus Photo- u. Presseagentur GmbH, Hamburg: Budnik/Woodfin Camp 48; Maze/Woodfin Camp 74.2; Nicholl/Katz Pictures 103.1; Yasuhiko Ishii/PPS 28 M2; © Jonas Bendiksen/MagnumPhotos 68.2. |fotolia.com, New York: MAXFX Titel Erde; Oneworld-images 107 M4; paul prescott 71.1B; Sergey Toronto 92 M3. |Frankfurter Allgemeine Zeitung FAZ, Frankfurt/Main: Axel Wermelskirchen 83 M8. |Frey, Peter, Pernes les Fontaines: 12, 85. |Getty Images, München: Adeel Halim/Bloomberg 63 M7; AFP/Shimbun 11 M7; Benelux 67 M6; Bettmann 124 M2; Galen Rowell 71.1A; George Steinmetz 51 M5; Image Source Titel Jugendliche; Indranil Mukherjee/AFP 63 M8; Jay Directo/AFP 15 M6; Marwan Naamani 84.3; Marwan Naamani/AFP 84 M1; STR/AFP 15 M3; Tony Yu 50 M3; Walter Bibikow Titel Stadt Xiaoyang Liu 45 M3; Ziyah Gafic/VII Network 102 M3, 103.2. |Greenpeace Deutschland e.V., Hamburg: 106 M3. |Hachette Jeunesse, Paris: 132/133. |Hafen Hamburg Marketing e.V.: Hasenpusch 75.5. |Haitzinger, Horst, München: 79 M5. |Helmuth, Freiburg: 57 M5. |Hofemeister, Uwe, Diepholz: 78. |Huber Images, Garmisch-Partenkirchen: 66 M2; Gräfenhain 123.1. |Imaginechina, China-Shanghai: Long hai 3.1, 36; Yuan bo 18 M3. |Infosys, Eschborn/Frankfurt: 65.1b. |iStockphoto.com, Calgary: Alexey Baskakov 93 M7; Bartosz Hadyniak 57 M3; Bijoy Verghese 59 M4; Dan Barnes 5 und 114/115; Daniel Fernandez 95.3; EpicStockMedia 119; George Burba 96.1; Hande Guleryuz Yuce 54 M1a; Igor Ostapchuk 8.2; Irina Afonskaya 95.4; Jeremy Richards 69 M4; Konstantin Shevtsov 89.1; Konstantin Shiskin 109 M6; leungchopan 3 und 6/7; mamahoohooba 49.2; mocker_bat 89.3; Nikada 46 M1; Richard Clark 82 M5; Rob Broek 92 M4; victor zastol'skiy 57 M4; Vikram Raghuvanshi Photography 59 M3; Vladimir Melnikov 95.1; Wong Chee Yen 49.1; Yenwen Lu 39.1; zbruch 3.1, 5, 30 M5, 31, 37, 39, 43, 45, 51, 57, 59, 61, 63, 65, 67, 69, 91, 101. |ITAR-TASS Photo Agency, RU-Moskau: 91 M6. |Japan-Photo-Archiv, Heilbronn: Hartmut Pohling 29.1. |JOKER: Fotojournalismus, Bonn: Walter G. Allgoewer 47.2. |Jüngst, Reiner, Wolfenbüttel: 8.3, 14 M1a, 14 M1b, 71.1C. |K. und U. Schuster, Oberursel: 33.3. |Kerkhof, Holger, Lage: 52 M2. |Kirchner, Lutz, Gießen: 108 M2. |Kreuzberger, Norma, Lohmar: 41. |Kuhli, Martin, Oerlingshausen: 94.1. |Lacler, Rainer, Regensburg: 112 M2. |laif, Köln: 12 M4; Arcticphoto 99.2; Aurora 24.1; Brun, Jacana 124 M1; Fernando Moleres 65.1a; Imaginechina 21 M3; Imaginechina/Yuan bo 46 M3; Jonkmanns 58.1; Thomas Grabka 74.1; Wolf 40 M2, 85C, 85. |Landesamt für Denkmalpflege und Archäologie Sachsen-Anhalt, Halle: 81.3. |Langer, Marco, Bremen: 105 M5. |Lineair Fotoarchief, Berlin: Jochem Wijnands 31 M8. |Lookphotos, München: Johaentges 9.2. |MARUM - Zentrum für Marine Umweltwissenschaften, Universität Bremen, Bremen: 117 M6. |mauritius images GmbH, Mittenwald: age 97.2; age fotostock 75.6; Alamy 60 M2, 97.4; Gerhard Zwerger-Schoner 19 M7; Jose Fuste Raga 5 und 86/87; Mayer 33.1; Pigneter 39 M2; René Truffy 22 M2. |Mertins, Harald, Vollbüttel, Gemeinde Ribbesbüttel: 55 M3. |Mitteldeutsche Zeitung/mz-web.de, Halle (Saale): 81 M5. |Munoz, Claudio, GB-Puncknowle/Dorset: 41 M7. |NASA, Washington: 17 M5, 83, 83 M6. |National Geographic Society, Washington, D.C. 20036: W.H. Bond 4 und 72/73. |Natura 2000, Kastl: Friedrich 100 M2. |Nebel, Jürgen, Muggensturm: 20.2, 85B. |NOAA - National Oceanic & Atmospheric Administration, Washington: Richard Behn 119 M4. |Nord Stream AG, CH-Zug: 98.2, 98.3, 98.4. |OKAPIA KG - Michael Grzimek & Co., Frankfurt/M.: 117 M5a; J-L Klein & M-L Hubert 89.2; Kiepke 22 M1; NAS/Biophoto Associates 104 M2b; Stirrup 121 M2. |Pflügner, Matthias, Berlin: 64 M1. |Picture-Alliance GmbH, Frankfurt/M.: 8.1, 23 M5, 42.2, 111.3; akg-images 32.1; All Canada Photos/Chris Cheadle 58.2; ANN/The Star 44 M2; AP/Saurabh Das 18 M4; C. Rehder 42 M1; Dimas Ardian/Bloomberg News /Landov 30 M2; dpa 25 M3, 122 M3; dpa / Imaginechina Yuan bo 75.7; dpa-Grafik 49; dpa/C. Jaspersen 122.1; dpa/epa/Dennis M. Sabangan 16 M1; dpa/epa/Harish Tyagi 54 M1d; dpa/Imaginechina 10 M1; dpa/Peter Steffen 46 M2; dpa/Stoppelmann 22.3; dpa/Wagner 122 M2; epa AFP Stephan Shaver 124 M3; epd-bild 35.1; Imaginechina/Nan jun 47 M4; Katkov 90 M2; Lissac, Godong 61.1; Lonely Planet Images/Brent Winebrenner 24 M1; Rainer Hackenberg 65 M4; RIA Nowosti/Alexey Kudenko 110; Scheidemann 91 M4; Tass 111 M3; TASS/L. Fedoseyev 100; Xie Zhengyi /dpa 43 M3; ZB/ B. Settnik 39 M4; ZB/Jörg Lange 21 M4; Zentralbild/Tom Schule/Transit 90 M1. |Presse- und Informationsamt der Bundesregierung - Bundesbildstelle, Berlin: 76 M1. |Rasch, Reinhard, Leipzig: 105.3. |REUTERS, Berlin: Adrees Latif 15 M5; Arko Datta 69 M3; Awar Mirza 84.1; David Becker 41 M6; Kim Kyung Hoon 25 M2. |Rupprecht, Hartmut, Frankfurt/Main: 71.2. |Salzgitter AG, Salzgitter: 104 M2c. |Scholz, U., Berlin: 26.2. |Schönauer-Kornek, Sabine, Wolfenbüttel: 2 alle, 3 Vignette, 4 Vignette, 5 Vignette, 7, 9, 11, 15, 21, 23, 25, 28 M1, 29, 31, 33, 34, 35, 37, 38.1, 39.1, 53 alle, 71, 73, 76.2, 77, 79 M4, 81, 85, 87.2, 89.4, 97.3, 113 alle, 115, 119, 125. |Schwarzbach, Hartmut /argus, Hamburg: 8.4. |Seeber, Christian, Berlin: 20 M1. |Siemens AG, München: 63 M6. |Simper, Manfred, Wennigsen: 82 M4. |Staatliches Reisebüro China, Beijing: 48 M1. |still pictures, Berlin: Sean Sprague 26 M1. |stock.adobe.com, Dublin: corradobarattaphotos 10. |Stonjek, Diether, Georgsmarienhütte: 38 M1, 47.3. |Taubmann, Prof. Dr. W., Bremen: 40 M1. |Thetis, Hannover: 120.1. |TopicMedia Service, Mehring-Öd: Arnold 117 M5b. |transit - Fotografie und -Archiv, Leipzig: Thomas Roetting 44.2. |ullstein bild, Berlin: Imagebroker.net 109 M7; Nowosti 90 M3, 101 M3. |United Nations Forum on Forests Secretariat / International Year of Forests 2011 Team, New York, NY: 106 M2. |vario images, Bonn: 43 M4. |VII Photo Agency, Paris: 68.1. |Visum Foto GmbH, Hannover: 88.2; Olaf Meinhardt 109 M4; Panos Pictures 23 M4; The Image Works 95.2. |Waldeck, Winfried, Dannenberg: 92 M1. |wikimedia.commons: R. Mehra/GNU-Lizenz für freie Dokumentation 13 M6. |Wostok Verlag, Berlin: 109.4; Kawer/RIA Nowosti 105 M4. |WWF Deutschland, Berlin: 79 M3, 107; Georg Schwede 107.2; Yuri Bersenev 107.1. |Zehrer, Thomas, Berlin: 111.

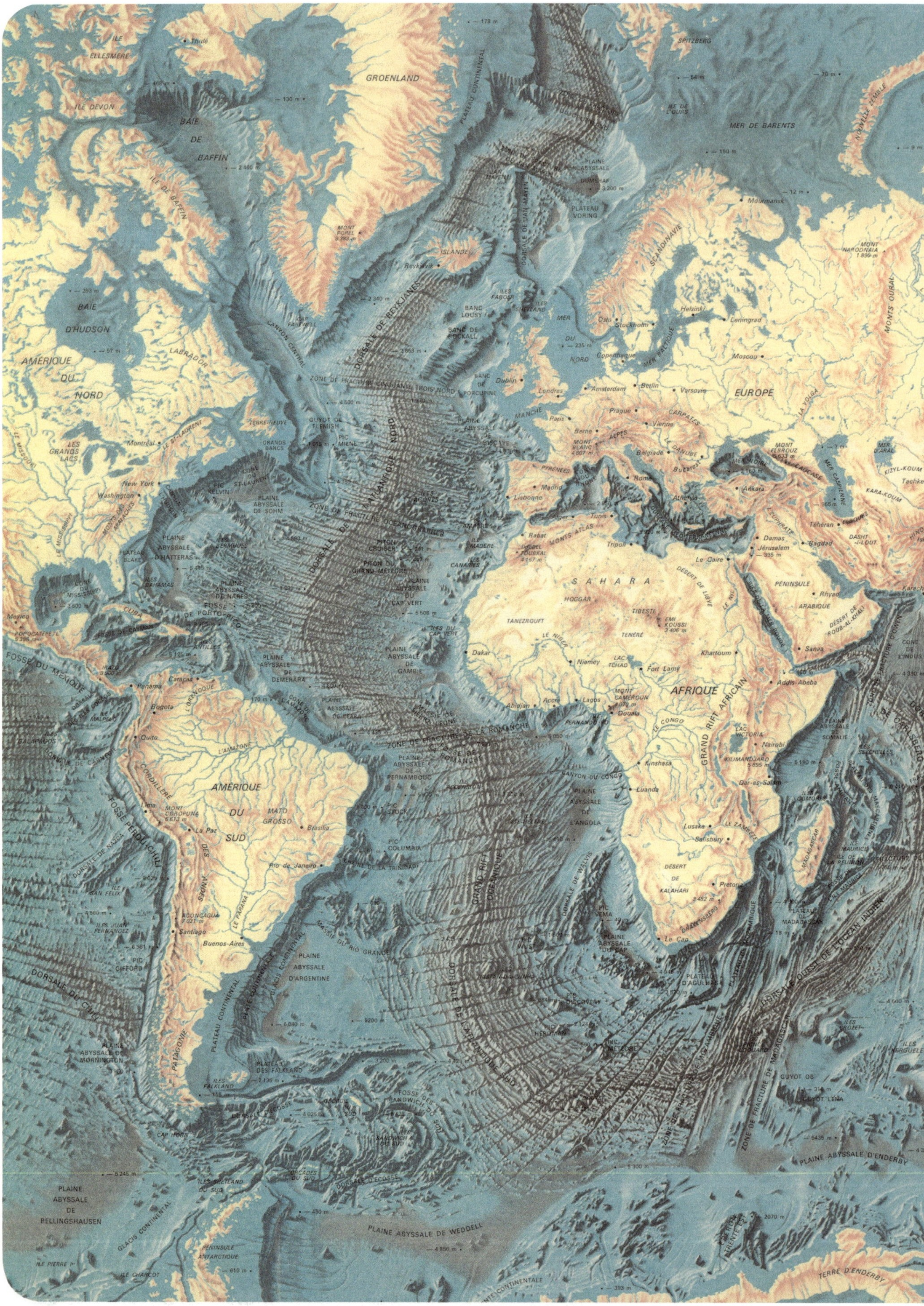

ÎLE ELLESMERE
Thulé
GROENLAND
SPITZBERG
ÎLE DEVON
BAIE DE BAFFIN
ÎLE DE BAFFIN
MER DE BARENTS
NOUVELLE-ZEMBLE
ISLANDE
Reykjavik
Mourmansk
SCANDINAVIE
BAIE D'HUDSON
AMÉRIQUE DU NORD
LABRADOR
DORSALE DE REYKJANES
MER DU NORD
Oslo
Stockholm
Helsinki
Leningrad
Moscou
Copenhague
MER BALTIQUE
Dublin
Londres
Amsterdam
Berlin
Varsovie
EUROPE
LA VOLGA
MONTS OURAL
Paris
Prague
Vienne
CARPATES
Berne
ALPES
Belgrade
DANUBE
Bucarest
Rome
Madrid
Lisbonne
Ankara
Athènes
MER CASPIENNE
Montréal
New York
Washington
TERRE-NEUVE
GRANDS BANCS
GRANDS LACS
LE MISSISSIPPI
Tunis
Rabat
MONTS ATLAS
Tripoli
Le Caire
Damas
Jérusalem
Bagdad
Téhéran
EUPHRATE
SAHARA
HOGGAR
TIBESTI
TANEZROUFT
TÉNÉRÉ
LE NIGER
Niamey
LAC TCHAD
Fort Lamy
Khartoum
PÉNINSULE ARABIQUE
Riyad
Sanaa
Addis-Abeba
Dakar
AFRIQUE
GRAND RIFT AFRICAIN
Abidjan
Accra
Lagos
Douala
LE CONGO
Kinshasa
Nairobi
Luanda
Dar-es-Salam
Lusaka
Salisbury
Pretoria
KALAHARI
Le Cap
MADAGASCAR
Mexico
CUBA
FOSSE DU MEXIQUE
Caracas
Panama
Bogota
Quito
L'AMAZONE
AMÉRIQUE DU SUD
MATO GROSSO
Brasilia
Lima
La Paz
Rio de Janeiro
Santiago
Buenos-Aires
ACONCAGUA
PATAGONIE
Cap Horn
ÎLES FALKLAND
PLAINE ABYSSALE D'ARGENTINE
PLAINE ABYSSALE DE L'ANGOLA
CANYON DU CONGO
PLAINE ABYSSALE DE WEDDELL
PLAINE ABYSSALE DE BELLINGSHAUSEN
PLAINE ABYSSALE D'ENDERBY
TERRE D'ENDERBY
PÉNINSULE ANTARCTIQUE
GLACIS CONTINENTAL
ÎLE PIERRE I
ÎLE CHARCOT